Gerd Kerkhoff

Zukunftschance Global Sourcing

*China, Indien, Osteuropa –
Ertragspotenziale der
internationalen Beschaffung
nutzen*

WILEY-VCH Verlag GmbH & Co. KGaA

1. Auflage 2005

Bibliografische Information der Deutschen Bibliothek
Die Deutsche Bibliothek verzeichnet diese
Publikation in der Deutschen Nationalbibliografie;
detaillierte bibliografische Daten sind im Internet
über <http://dnb.ddb.de> abrufbar.

© 2005 WILEY-VCH Verlag GmbH & Co. KGaA,
Weinheim

Gedruckt auf säurefreiem Papier.

Printed in the Federal Republic of Germany

ISBN-13: 978-3-527-50196-0
ISBN-10: 3-527-50196-7

Inhalt

Zukunftschance Global Sourcing. Gerd Kerkhoff
Copyright © 2005 WILEY-VCH Verlag GmbH & Co. KGaA, Weinheim
ISBN: 3-527-50196-7

Vorwort

Nach wie vor machen Firmenzusammenbrüche und Massenentlassungen Schlagzeilen. Gleichzeitig ist der Wettbewerb um die Kunden immer härter geworden und zwingt Unternehmen häufig zu erheblichen Preisnachlässen. Erträge werden auf ein Minimum reduziert – oft sogar völlig unmöglich gemacht. Ein Ende dieser Entwicklung ist mittelfristig nicht absehbar und die Möglichkeiten, aktiv gegen zu steuern, wurden häufig bereits ausgeschöpft. Denn die Rationalisierungspotenziale sind weitgehend erschlossen und weitere Personalreduzierungen können unter Umständen zu Kapazitätsengpässen, Know-how-Verlust und Qualitätseinbußen führen. Das kann und darf sich vor dem Hintergrund der massiv zunehmenden internationalen Konkurrenz kein Unternehmen leisten.

Eine Zukunftschance, um diese Herausforderungen zu bestehen sowie trotz enormen Wettbewerbsdruckes zufriedenstellende Renditen zu erwirtschaften und profitabel zu wachsen, heißt Global Sourcing. Darunter verstehe ich die strategische weltweite Beschaffung. Durch diese globalisierte Art des Einkaufs lassen sich bei vielen Produkten und Dienstleistungen im Durchschnitt Einsparungen zwischen 30 und 40 Prozent realisieren, die sich unmittelbar auf das Unternehmensergebnis auswirken. Vielfach liegen die Einsparpotenziale sogar noch viel höher. Und das, ohne die Qualität der Produkte durch die Verwendung von vermeintlicher »Billig-Ware« zu vermindern. Denn die Qualifikation und das Leistungspotenzial der Lieferanten in China, Indien und Osteuropa steht den Fähigkeiten westeuropäischer Firmen in vielen Fällen längst nicht mehr nach.

Dass international führende Markenartikelproduzenten aus den genannten Gründen bereits im Ausland beschaffen, mag bereits bekannt sein. Trotzdem möchte ich anhand dieser überzeugenden Beispiele verdeutlichen, welchen maßgeblichen Anteil Global Sour-

Zukunftschance Global Sourcing. Gerd Kerkhoff
Copyright © 2005 WILEY-VCH Verlag GmbH & Co. KGaA, Weinheim
ISBN: 3-527-50196-7

cing an dem unaufhaltsamen Aufstieg von »Adidas & Co.« besitzt. Die Strategie bleibt nämlich nicht nur diesen Vorzeigeunternehmen vorbehalten. Viele Firmen unterschiedlicher Größenordnung sowie aus verschiedensten Branchen profitieren bereits vom Global Sourcing und geben damit ihrer Rendite auch in wirtschaftlich schwierigen Zeiten neue Schubkraft. Immer häufiger wird die internationale Beschaffung sogar zum Rettungsanker für wirtschaftlich angeschlagene Unternehmen. Kreditinstitute vergeben für die konsequente Nutzung des grenzüberschreitenden Einkaufs Pluspunkte beim Rating.

Global Sourcing lässt sich allerdings nicht im Schnellverfahren implementieren. Die neue Strategie verlangt zum einen grundsätzliches Umdenken in den Einkaufsabteilungen, die sich heute vielfach noch darauf beschränken, mit Lieferanten aus der unmittelbaren Nachbarschaft zusammenzuarbeiten. Außerdem werden einige organisatorische Maßnahmen und sorgfältige Marktanalysen erforderlich. Dieser anfängliche Zeit- und Arbeitsaufwand darf Sie aber nicht davon abhalten, trotzdem Ihren Einkauf zu einem maßgeblichen Renditemotor für Ihr Unternehmen zu machen.

Das vorliegende Buch zeigt den Weg, wie sich durch Global Sourcing bislang brachliegende Ertragspotenziale erschließen lassen. Dabei geht es nicht darum, die Effizienz des Instrumentariums mit Hilfe von möglicherweise komplizierten betriebswirtschaftlichen Formeln aufzuzeigen. Im Fokus von *Zukunftschance Global Sourcing* steht die Vermittlung von handfestem Nutzwert, der unmittelbar in die tägliche Praxis umsetzbar ist. Gleichzeitig geht es aber auch darum, aufzuzeigen, dass die häufig kritisierte Globalisierung, die der internationalen Beschaffung den Weg bereitet, keinesfalls zum Verlust von Arbeitsplätzen in Deutschland beitragen muss. Im Gegenteil: Sie hilft, den Erhalt der Wettbewerbsfähigkeit im internationalen Vergleich zu sichern und trägt damit hierzulande sogar dazu bei, gefährdete Stellen zu sichern. Viele unserer Kunden haben im Rahmen der Implementierung und Nutzung von Global Sourcing die Zahl der Arbeitsplätze erhöhen können.

Das heißt natürlich nicht, dass ich die Globalisierung und ihre Folgen vorbehaltlos befürworte. Ich bin mir durchaus bewusst, dass dieser Prozess Entwicklungen beinhaltet, die für einige Regionen soziale Härten oder andere wirtschaftliche Beeinträchtigungen bedeuten können. Darauf werde ich in diesem Buch jedoch nicht eingehen. Mir geht es ausschließlich darum, aufzuzeigen, welche einzigartigen Chancen der globale Einkauf zukunftsorientierten Unternehmen eröffnet. Außerdem möchte ich die verantwortlichen Manager ermutigen, die Möglichkeiten des Global Sourcings auszunutzen, um innerhalb des politisch gesteckten Rahmens unternehmerisch verantwortungsbewusst zu handeln. Denn der Einkauf kostengünstiger Zulieferteile oder Dienstleistungen im Ausland trägt entscheidend dazu bei, die preisliche Wettbewerbsfähigkeit deutscher Produkte weltweit nachhaltig zu erhalten.

Ich möchte mich bei unseren Kunden, unseren Ansprechpartnern bei den Kreditinstituten und meinen Mitarbeitern für die tatkräftige Unterstützung bei der Arbeit an diesem Buch bedanken. Besonders hervorheben möchte ich meine Partner Marc Kloepfel, Ralph Markert, Christian Michalak, Dr. Ralph Niederdrenk und Dirk Schäfer, die mit ihrem Know-how und ihrer langjährigen Praxiserfahrung maßgeblich zum Gelingen des Buchprojektes beigetragen haben. Dank gebührt ebenfalls der Rechtsanwaltskanzlei Blasius und Kollegen für ihren überaus pragmatischen Beitrag zum Thema »Rechtliche Besonderheiten beim Global Sourcing«. Die vorliegende Fassung wäre insbesondere auch ohne die Hilfe von Yurda Yilmaz nicht zeitgerecht fertig geworden. Ganz besonderer Dank geht an meine Frau Stefanie Kerkhoff, die mich ermutigt hat, auch dieses Buchprojekt zu realisieren. Die Gespräche mit ihr und ihre Anregungen haben mir sehr geholfen.

Düsseldorf, im September 2005 *Gerd Kerkhoff*

Kapitel 1
Die Welt wird grenzenlos

Globalisierung. Kaum ein Begriff polarisiert die Gesellschaft derzeit so stark. Überzeugte Anhänger dieser Entwicklung sprechen von einer neuen Ära von Wachstum und Wohlstand. Zu den Freunden der Globalisierung gehört auch Randolf Rodenstock, Aufsichtsratschef des gleichnamigen Brillen-Konzerns und Präsidiumsmitglied des Bundesverbands der Deutschen Industrie (BDI). Für ihn steht fest, dass »wir damit aufhören müssen, uns in Deutschland gegen die Gesetze der Globalisierung zu wehren und so zu tun, als gäbe es diese Regeln für uns nicht«. Für Rodenstock geht es jetzt darum, dass Politiker, Unternehmer und Gewerkschaftler an einem Strang ziehen. »Dann können wir das Ruder noch herumreißen und für mehr Wachstum sorgen – damit hierzulande Gewinne und Arbeitsplätze wieder Hand in Hand gehen.« Und Dietmar Harting, Inhaber der gleichnamigen Technologiegruppe und BDI-Vizepräsident, antwortet auf die Frage nach dem Grund für den Erfolg seines Unternehmens: »Die Kombination der Stärken deutscher und ausländischer Standorte.« Der Markführer für industrielle Steckverbindungen ist sich denn auch sicher, dass er die Zukunft seines Unternehmens nur positiv gestalten kann, »wenn wir uns global aufstellen«.

Vehemente Kritiker warnen vor einem übermäßigen Einflussgewinn multinationaler Konzerne, der sich verhängnisvoll auf die Situation in den Staaten der Dritten Welt, Arbeitsplätze in den Industriestaaten und die weitere Entwicklung der Demokratie auswirken würde. Jürgen Osterhammel, Professor für Neuere Geschichte an der Universität Konstanz, definiert Globalisierung und ihre Folgen hingegen mit den Worten: »Die Welt wird durch die Globalisierung zusehends kleiner, Entferntes immer stärker verknüpft. Zugleich wird die Welt größer, weil wir noch niemals weitere Horizonte überschauen konnten.« Eine vergleichsweise einfache, aber dennoch zu-

Zukunftschance Global Sourcing. Gerd Kerkhoff
Copyright © 2005 WILEY-VCH Verlag GmbH & Co. KGaA, Weinheim
ISBN: 3-527-50196-7

treffende Erklärung, die zudem auch noch von Optimismus geprägt ist.

Ähnlich kontroverse Diskussionen über grundsätzliche politische, wirtschaftliche und gesellschaftliche Veränderungen gab es in der Vergangenheit immer wieder. So ging es in den 50er Jahren beispielsweise um das Für und Wider der Atomenergie. Die beiden folgenden Jahrzehnte waren geprägt von Auseinandersetzungen über die positiven und negativen Folgen der Industriegesellschaft. In den 80er Jahren stand die so genannte Risikogesellschaft im Fokus. Ein Jahrzehnt später kam schließlich der Begriff Globalisierung auf – mit den für eine neue Zeitströmung unvermeidlichen unterschiedlichen Auffassungen über ihre möglichen Auswirkungen. »Wir erleben derzeit die zweite und entscheidende Phase der Globalisierung«, meint der Trend- und Zukunftsforscher Matthias Horx und erläutert: »Während in Deutschland retro-marxistisch gejammert wird, entstehen in Indien, China und fast 50 anderen Schwellenländern gewaltige Mittelschichten, die in wenigen Jahren in den Wohlstand ›gebeamt‹ werden. Das ist nichts anderes als das Resultat der intensiven Handels- und Transferbeziehungen, die sich heute rund um den Globus spannen, eine Frucht des viel gescholtenen ›Global Outsourcing‹. Nun bekommen eben auch andere Länder die Chance zum Aufstieg, wie die Deutschen sie in den 50er Jahren genießen konnten.«

Globalisierung steht für keine völlig neue Entwicklung. Das Bestreben, Grenzen zu überschreiten sowie Neues kennen zu lernen und davon zu profitieren, zieht sich wie ein roter Faden durch die Geschichte. Anfangs ging es darum, in fernen Ländern Rohstoffquellen zu erschließen. Dann machten sich Händler auf, um im Ausland hochwertige Waren einzukaufen mit deren Verkauf sich in der Heimat hervorragende Erträge erzielen ließen. In den letzten Jahren, also in der Ära, die den Namen Globalisierung trägt, zielen grenzüberschreitende Aktivitäten im Wesentlichen darauf, neue Märkte für die eigenen Waren und Dienstleistungen zu erschließen. Immer häufiger geht es jedoch auch um die Beschaffung von einzelnen Teilen oder kompletten Systemen in Ländern, die mit attraktiven Lohnkosten überzeugen und zudem noch eine gute Qualität bieten.

Der Begriff Globalisierung beschrieb in der Vergangenheit allerdings nicht nur Initiativen und Entwicklungen, die den Umsatz und Ertrag von Unternehmen nachhaltig fördern sowie den Menschen Horizonte eröffnen und neue Einsichten verschaffen. Er stand auch für das verhängnisvolle Streben vieler Politiker, ihre Machtbereiche in andere Länder auszuweiten. Die Weltkriege des 20. Jahrhunderts sind dafür überzeugende Beispiele.

Die Politik zeichnet den Weg

In Westeuropa und den USA wird der aktuelle Trend zur Globalisierung nach dem Ende des 2.Weltkriegs zum ersten Mal erkennbar. Entwicklungshilfe kommt auf, Kolonien werden in die Selbstständigkeit entlassen, multinationale Konzerne entstehen und die Konsumgesellschaft führte zu immer höheren Ansprüchen der Verbraucher. Nach und nach entschließen sich die Regierungen eng zusammenzuarbeiten und Aktivitäten, die sie bisher im Alleingang durchführten, im Verbund zu betreiben. So wird beispielsweise 1951 die Europäische Gemeinschaft für Kohle und Stahl mit den Mitgliedsländern Belgien, Deutschland, Luxemburg, Frankreich, Italien und den Niederlanden gegründet. Damit ging die Befugnis, Entscheidungen über die Kohle- und Stahlindustrie in diesen Ländern zu fällen, auf ein übernationales Gremium über, die »Hohe Behörde«. Mit dem Europarat entstand bereits 1949 eine Gemeinschaft europäischer Länder, die es sich zur Aufgabe gemacht hatte, wirtschaftlichen und sozialen Fortschritt in den Mitgliedsstaaten zu fördern. Und 1957 gründeten sechs Länder die Europäische Wirtschaftsgemeinschaft (EWG). Aus der EWG wird schließlich 1992 die Europäische Union (EU). Heute befasst sich die EU längst nicht mehr nur mit Fragen des Handels und der Wirtschaft. Im nahezu »grenzenlosen Europa« geht es inzwischen genauso um die gemeinsame Wahrung von Bürgerrechten, Umweltschutz oder die regionale Entwicklung.

Die Öffnung einzelner Länder beschränkte sich jedoch nicht nur auf die westliche Welt. Fast jeder kann sich daran erinnern, wie noch vor ein paar Jahren die Staaten des Warschauer Paktes unter Führung der Sowjetunion (UdSSR) als größte Bedrohung der westlichen Nationen galten. Nicht weniger argwöhnisch, zum Teil sogar voller Angst, betrachteten viele aber auch die Entwicklungen im kommunistischen China. Beide Regionen schotteten sich und ihre Bewohner strikt vom Westen ab. Ihre politischen Aktivitäten und Strategien galten als weitgehend unkalkulierbar.

Seit einigen Jahren ist jedoch alles anders. Die UdSSR zerfiel 1991, als die beteiligten Republiken ihre Unabhängigkeit erklärten und damit ihre Öffnung gegenüber den Ländern der westlichen Welt einleiteten. Heute ist es längst eine Selbstverständlichkeit, dass zum Beispiel ein Treffen des deutschen Bundeskanzlers mit dem russischen Präsidenten in einem durchaus freundschaftlichen Rahmen abläuft, weil beide Seiten von der grenzüberschreitenden Zusammenarbeit profitieren wollen. Seit 2004 gehören Estland, Lettland, Litauen, Polen, Slowakei, Slowenien, Tschechische Republik und Ungarn zur Europäischen Union (EU). Viele andere Länder des ehemaligen »Ostblocks« bekunden großes Interesse, möglichst rasch der EU beizutreten. Die Grenzen innerhalb Europas werden also zügig abgebaut. Damit entsteht ein immer breiteres Fundament, um den Frieden länderübergreifend zu sichern und den beteiligten Nationen Wohlstand zu verschaffen.

In China führte 1972 der Staatsbesuch des damaligen US-Präsidenten Richard Nixon zur ersten Öffnung des Landes und seiner heute rund 1,3 Milliarden Einwohner gegenüber der Welt. Seitdem entwickelte sich die Volksrepublik mit hohem Tempo zu einem Land, das internationale Kontakte nicht nur sucht, sondern auch von nahezu allen Regierungen und expansiven Unternehmen angeboten bekommt. Auch hier sind also die Schranken längst gefallen. Die Zeit der Isolation ist vorbei. Die globale Zusammenarbeit gilt heute als selbstverständlich. Eine Entwicklung, die vor Jahren noch niemand vorauszusagen gewagt hätte.

Auch Indien hat in den letzten Jahren eine Kehrtwende vollzogen – von einer staatlich kontrollierten und reglementierten sozialistisch geprägten Wirtschaftspolitik hin zu einer sozialen Marktwirtschaft. Seit dieser Neuorientierung und der Öffnung des Landes für ausländische Unternehmen befindet sich das Wirtschaftswachstum in einem stetigen Aufwärtstrend. Die renommierte Investmentbank Goldman Sachs prognostiziert, dass die indische Wirtschaft 2050 die drittgrößte der Welt sein wird. Diese Entwicklung wird nicht nur von der steigenden Produktion im eigenen Land getrieben. Indien ist auch auf dem besten Wege, um sich als höchst attraktiver Absatzmarkt für in- und ausländische Produkte zu etablieren. Damit verwischen Grenzen, auch zwischen Ländern, die sich in der Vergangenheit mit Argwohn betrachteten. Globalisierung ebnet den Weg für die langfristige Friedenssicherung und das partnerschaftliche Miteinander über Landesgrenzen hinaus.

Dynamische Entwicklungsprozesse in der Wirtschaft

Die Politik hat entscheidend dazu beigetragen, der Globalisierung der Wirtschaft den Weg zu bereiten. So wurde beispielsweise am 22. Juli 1944, also noch während des 2. Weltkrieges, auf der legendären Konferenz im amerikanischen Bretton Woods ein stabiles Währungssystem beschlossen. Damit sollte der Welthandel bei festen Wechselkursen, die vom US-Dollar als Leitwährung bestimmt wurden, von Handelsbarrieren befreit werden. Das System scheiterte allerdings. Die ebenfalls 1944 gegründete Weltbank und der Internationale Währungsfonds blieben jedoch erhalten. Drei Jahre später entstand das Allgemeine Zoll- und Handelsabkommen GATT. In mehreren Verhandlungsrunden gelang es, Zölle und andere Handelshemmnisse schrittweise abzubauen. Am Ende der letzten GATT-Runde wurde am 15. April 1994 die Welthandelsorganisation (WTO) gegründet. Etwa 150 Länder, die mehr als 90 Prozent des Welthandelsvolumens erwirtschaften, haben sich bis heute der WTO angeschlossen und sind damit verpflichtet, Grundregeln bei ihren Außenhandelsbeziehungen einzuhalten. Dazu gehört zum Beispiel die Verpflichtung, ausländische Waren und Dienstleistungen sowie deren Anbieter nicht schlechter zu behandeln als inländische.

Freier Handel stellt die Industrie jedoch auch vor große Herausforderungen. So müssen sich zum Beispiel die europäischen Textilhersteller damit abfinden, dass zum 1. Januar 2005 bislang bestehende Einfuhrquoten ersatzlos gestrichen wurden. Damit durchlebt die Branche den wohl größten Umbruch in ihrer Geschichte. Nutznießer dieser neuen Regelung ist China. Bereits heute kommen rund 25 Prozent der weltweiten Bekleidungsimporte aus der

Volksrepublik. Das Nachrichtenmagazin *Der Spiegel* geht davon aus, dass sich China im Eiltempo zum »Schneider der Welt« entwickeln wird. Diese Prognose bestätigt auch die Weltbank. Sie rechnet mit einer Verdoppelung chinesischer Textilexporte nach Europa innerhalb kürzester Zeit. Die Banker werden Recht behalten. Denn vor allem die großen Handelsketten füllen ihre Regale immer stärker mit preiswerten Waren aus China oder lassen dort produzieren. Aus gutem Grund: Die Stundenlöhne für Näherinnen liegen deutlich unter einem US-Dollar und die Qualität der Produkte hat meist Westniveau.

Die Chinesen geben sich inzwischen aber nicht mehr allein damit zufrieden, ihre ausländischen Kunden nur mit preiswerten Waren zu beliefern. Die großen Konzerne des Landes gehen weltweit auf Einkaufstour und kaufen sich bei bekannten westlichen Unternehmen ein. Shanghai Automotive beabsichtigte Anfang 2005 beispielsweise für 1,4 Milliarden Euro den Einstieg in die britische MG Rover-Gruppe und brach die Verhandlungen nach den negativen Erkenntnissen aus der Due Diligence im April 2005 ab. 2004 übernahm der Computer-Hersteller Lenovo für einen ähnlich hohen Betrag die PC-Sparte von IBM. Die Lust der Chinesen, bestehende Unternehmen im Ausland aufzukaufen, steigt deutlich: Gaben sie im Jahr 2000 noch zirka 340 Millionen US-Dollar für internationale Firmenkäufe aus, werden sie nach einer Prognose der auf China spezialisierten Analysten von Straszheim Global Advisors 2005 etwa 14 Milliarden US-Dollar für die Übernahme europäischer Unternehmen ausgeben.

Das Interesse der Investoren aus dem Fernen Osten gilt aber längst nicht nur renommierten Großunternehmen. Auch mittelständische Betriebe stehen immer häufiger auf den Einkaufslisten. Das Ziel dieser Aktionen ist überaus ehrgeizig: Die Chinesen wollen ihre Konzerne schnellstmöglich zu Weltmarken entwickeln. Mit dem Kauf bekannter Marken verschaffen sie sich in kurzer Zeit globale Präsenz und sichern sich das technologische Know-how, das ihren Unternehmen häufig noch fehlt.

Dynamische Entwicklungsprozesse machen aber auch eine Reihe von anderen Staaten durch, die noch vor wenigen Jahrzehnten keine allzu große wirtschaftliche Bedeutung hatten. Dazu gehören, neben Osteuropa, vor allem die ostasiatischen Industrieländer Singapur, Hongkong, Taiwan und Südkorea. Diese so genannten Tigerstaaten erlebten in den vergangenen 30 Jahren einen außergewöhnlichen Aufschwung. So gehörte Singapur früher zu den armen Ländern, in denen fast ausschließlich Billigprodukte gefertigt wurden, die keine allzu großen Qualitätsansprüche erfüllen mussten. Heute zählt das Land zu den wichtigsten Finanzdienstleistungszentren der Welt und gilt als eine der Metropolen des internationalen Wissenstransfers. Inzwischen haben sich auch Malaysia, Thailand, die Philippinen und Indonesien zu industriellen Aufsteigern entwickelt und zählen ebenfalls zur Gruppe der Tigerstaaten.

Der Erfolg, der heute bestimmte Länder zu boomenden Regionen macht, begründet sich im Wesentlichen mit deren Konzentration auf Kernkompetenzen. So spezialisiert sich Indien vor allem auf Business Process Outsourcing (BPO), erledigt also für in- und ausländische Unternehmen IT-gestützte Geschäftsprozesse. Die weltweite Kundenbetreuung per Telefon wird ebenfalls angeboten. Nicht nur große internationale Banken nutzen solche Dienstleistungen verstärkt und profitieren von dem niedrigen indischen Lohnniveau und der trotzdem hohen Qualifikation des Personals. Die Einsparmöglichkeiten sind enorm. Ein indischer Telefonberater verdient mit 3 600 Euro pro Jahr gerade ein Fünftel von dem, was sein Kollege in Großbritannien auf sein Gehaltskonto überwiesen bekommt. Die britische HSBC, das zweitgrößte Kreditinstitut der Welt, geht davon aus, mit jeder in ein Billiglohn-Land ausgelagerten Stelle jährlich mehr als 15 000 Euro einsparen zu können, ohne den Kundenservice zu verschlechtern. In absehbarer Zeit will die Bank deshalb die Zahl ihrer Mitarbeiter im asiatischen Raum verdoppeln. Die Deutsche Bank lässt schon heute ihren elektronischen Zahlungsverkehr teilweise im indischen Bangalore erledigen.

China gilt nicht nur im Textilbereich als führend und hat damit die Türkei überholt. Verbraucher von »C-Teilen«, also Produkten mit einem niedrigen Einkaufswert, finden mit Sicherheit eine Vielzahl von chinesischen Herstellern, die ihnen attraktive Angebote unterbreiten können. Ähnliches gilt auch für Schuhe. Italien ist längst nicht mehr das Mekka für die Einkäufer der Schuhgeschäftsketten. Jedes zweite Paar in den Regalen der Geschäfte wird mittlerweile aus China importiert.

Osteuropäische Unternehmen konnten sich in den letzten Jahren einen glänzenden Ruf als Zulieferer der Automobilindustrie erwerben und müssen den Qualitätsvergleich mit westlichen Konkurrenten nicht mehr scheuen. Ganz zu schweigen von den deutlich niedrigeren Lohnkosten, mit denen sie ihre Kunden überzeugen können. Ein von der Unternehmensberatung McKinsey ermitteltes Beispiel belegt die wirtschaftliche Effizienz des Bezugs von Einzelteilen aus dem Ausland und dem Aufbau internationaler Produktionsstätten. Demnach spart ein Produzent von einfachen Kfz-Getrieben durch den Zukauf der wertvollsten Teile in Tschechien und der Endfertigung der Systeme, die für den chinesischen und mexikanischen Markt bestimmt sind, in diesen beiden Ländern, rund 250 Euro pro Getriebe – inklusive Zölle und Transportkosten.

Schon heute gehören die beschriebenen Länder zu den wichtigsten Handelspartnern der deutschen Wirtschaft und es ist absehbar, dass sich die Beziehungen noch weiter vertiefen werden. Auf Platz sechs der Liste der Hauptimportländer Deutschlands stand 2004 China, knapp hinter Großbritannien und Italien. Waren im Wert von mehr als 32 Milliarden Euro wurden von chinesischen Unternehmen nach Deutschland exportiert. China kaufte für fast 21 Milliarden Euro in den alten und neuen Bundesländern ein und steht damit auf Rang zehn der Rangliste der wichtigsten Exportländer.

Immer mehr Nationen ergreifen die Initiative, um die Weichen auf nachhaltiges Wirtschaftswachstum zu stellen und ihren Bürgern damit zum Wohlstand zu verhelfen. Von dieser Entwicklung zeigte sich schon Ex-Bundespräsident Roman Herzog tief beeindruckt, als er 1997 von einer Asien-Reise zurückkehrte und mit mahnenden Worten forderte, dass »ein Ruck durch Deutschland« gehen müsse, um nicht den Anschluss zu verlieren. Herzog: »In vielen Ländern herrscht eine unglaubliche Dynamik. Staaten, die noch vor kurzem als Entwicklungsländer galten, werden sich innerhalb einer einzigen Generation in den Kreis der führenden Nationen des 21. Jahrhunderts katapultieren. Kühne Zukunftsvisionen werden dort entworfen und umgesetzt.« Gleichzeitig setzt sich aber auch ein weiterer Entwicklungsprozess fort, der den Aufschwung in diesen Regionen unterstützt: Die bisherigen Industrieländer erreichen ein Reifestadium und konzentrieren sich verstärkt auf Dienstleistungen sowie die Fertigung von technisch aufwändigen Produkten, um die kontinuierlich steigenden Bedürfnisse ihrer Einwohner befriedigen zu können. Weniger anspruchsvolle Arbeiten verlagert man ins Ausland.

Wesentliche Veränderungen in der Gesellschaft

Der Trend zur Globalisierung spiegelt sich auch in wesentlichen Veränderungen der Gesellschaft wider. So nimmt beispielsweise die Mobilität der Bevölkerung seit Jahren mit hohem Tempo zu. Seit 1950 hat sich zum Beispiel die Zahl der Personen-Kilometer im internationalen Flugverkehr mehr als verhundertfacht. Auch der grenzüberschreitende Zug- und Autoverkehr nimmt dynamisch zu. Urlaubsreisen führen längst nicht mehr ausschließlich in das eigene Land. Ferntrips sind in Mode. Preiswerte Pauschalangebote verlocken zu Kurzbesuchen im benachbarten Ausland. Der Geschäftsbesuch in China, Indien oder irgendeinem anderen Land gehört für viele bereits zum beruflichen Alltag. Studienaufenthalte, nicht nur um vom Know-how des jeweiligen Landes zu profitieren, sondern auch um unterschiedliche Mentalitäten kennen zu lernen, sind nichts Außergewöhnliches mehr. Und das gilt nicht nur für den Nachwuchs aus den Industrienationen. Heute lernen Osteuropäer und Asiaten genauso an den internationalen Elite-Universitäten wie angehende Ingenieure und Kaufleute aus westlichen Ländern. Mobilität ist aber nicht nur auf Reisetätigkeiten und Auslandsstudien beschränkt. Die Dekolonisation führte dazu, dass die Einwohner der ehemaligen Kolonien in großer Zahl in ihre Kolonialstaaten zurückkehrten. Europäische Großstädte wurden zu multikulturellen Zentren. Paris, London und New York sind Beispiele für Metropolen mit einem überdurchschnittlich hohen internationalen Bevölkerungsanteil.

Doch nicht nur in diesen Städten gehören Elemente unterschiedlicher Kulturen mittlerweile zum Straßenbild. Niemand wundert sich heute in Deutschland noch über chinesische oder italienische Restaurants. Lokale mit afrikanischer Musik sind hierzulande auch längst nichts Ungewöhnliches mehr. Das Gleiche gilt aber auch umgekehrt. Wer möchte, kann natürlich an vielen Orten der Welt Spezialitäten aus den alten und neuen Bundesländern einkaufen oder Gaststätten mit deutschen Speisen und Getränken besuchen.

Westliche Konsumgüter haben mittlerweile den gesamten Globus erobert. Die Verbreitung des Fernsehens, die Zunahme der Konsumwerbung und die wachsende Zahl an internationalen Filmen trugen massiv dazu bei. Blue Jeans und Coca-Cola genauso wie McDonalds-Produkte, die 1971 ihren Siegeszug außerhalb Nordamerikas antraten, kennt heute jeder, gleichgültig in welchem Land er lebt.

Als wesentliche globale Informationsquelle für Privatleute und Unternehmen hat sich aber das Internet entwickelt. Die Zahl der Online-Anschlüsse steigt nach wie vor mit enormem Tempo. Damit erschließt sich auch kleinen und mittelständischen Betrieben sowie noch wenig entwickelten Ländern der Zugang zu bislang nur mit hohem Aufwand generierbarem Wissen. Gleichzeitig werden Preisvergleiche und Finanztransaktionen in Sekundenschnelle möglich. Diese erhöhte Transparenz und der blitzschnelle Datenaustausch führen aber auch zu einem sich deutlich verschärfenden Wettbewerb unter den Anbietern. Trotzdem kann es sich künftig kein Land leisten, sich von den globalen Märkten abzuschotten. Denn die fortschreitende Globalisierung führte bislang in fast allen Ländern zu einer spürbaren Verbesserung der Lebensbedingungen. Größte Erfolge erzielten die Regionen, die sich den Herausforderungen der Öffnung gegenüber anderen Nationen offensiv gestellt haben. Beispiel Ostasien: Nahezu das gesamte Gebiet zählte vor etwa vier Jahrzehnten zu den ärmsten Regionen der Welt. Mit den ersten Schritten hin zur Globalisierung verbesserte sich der Lebensstandard der Bevölkerung kontinuierlich. Demokratie setzte sich, zwar häufig in kleinen Schritten, mehr und mehr durch. Die Wirtschaft entwickelte sich deutlich positiv. Und Themen wie Umweltschutz und Verbesserung der Arbeitsbedingungen gewannen an Bedeutung.

Wie wichtig, fast schon überlebenswichtig die konsequente Globalisierung für die westliche Wirtschaft ist, beweist auch ein Vergleich der voraussichtlichen Entwicklung der Weltbevölkerung bis zum Jahr 2050. Danach wird sich die Zahl der Menschen weltweit von derzeit zirka 6,5 Milliarden auf etwa 9,1 Milliarden erhöhen. Das Wachstum kommt nach Aussage der Vereinten Nationen vor allem aus Asien (+44 Prozent), Afrika (+140 Prozent) sowie Lateinamerika (+51 Prozent). In Europa wird die Zahl der Einwohner dagegen um 17 Prozent zurückgehen. Für Deutschland erwartet das

Statistische Bundesamt bis 2050 ein Sinken der Bevölkerung von derzeit rund 83 Millionen auf 75 Millionen Menschen. Überproportionales Umsatzwachstum lässt sich also auf Dauer vor allem außerhalb Europas erzielen.

Schon Adenauer setzt auf Globalisierung

Ähnlich wie derzeit viele Entwicklungsländer profitierten Deutschland und die anderen europäischen Nationen nach dem 2. Weltkrieg von massiven Unterstützungsmaßnahmen durch die USA. Das vom damaligen US-Außenminister George E. Marshall initiierte European Recovery Programm sollte der von wirtschaftlichen Problemen schwer gezeichneten Region wieder auf die Beine helfen und verhindern, dass sich der Kommunismus in diesen Ländern ausbreitete. 16 europäische Staaten nahmen im Juli 1947 an der so genannten Marshall-Plan-Konferenz teil. Die Länder Osteuropas waren ebenfalls eingeladen. Die Teilnahme wurde ihnen aber von der UdSSR strikt untersagt. Waren, Rohstoffe, Lebensmittel und Kredite in Höhe von 1,5 Milliarden US-Dollar flossen zwischen 1948 und 1952 nach Westdeutschland und verschafften vielen Branchen das notwendige Fundament für einen Neuanfang. Dazu gehörten vor allem der Kohlebergbau und die Energiewirtschaft.

Bundeskanzler Konrad Adenauer richtete seine Außenpolitik von Anfang an strikt darauf aus, das Land durch eine Vielzahl von Verträgen und Abkommen zu einem verlässlichen Partner des Westens zu machen. Für ihn stand die Sicherung der Freiheit durch die Westintegration noch vor dem Streben nach Wiedervereinigung. In den folgenden Jahren wurde die Zusammenarbeit mit den westlichen Nachbarländern und den USA kontinuierlich ausgebaut und auf ein festes Fundament gestellt, zum Beispiel durch die Montanunion und später den Beitritt zur EWG. Erst als 1989 die Berliner Mauer fällt und die Sowjetunion auseinander bricht, beginnt die Öffnung nach Osten. Bis dahin hatten politische und wirtschaftliche Kontakte zu Osteuropa eher Seltenheitswert. Heute werden Staatsgäste aus diesen Ländern genauso freundschaftlich empfangen wie alle anderen. Globalität hat also auch in der deutschen Politik Einzug gehalten.

Die deutsche Wirtschaft muss sich aktiv anpassen

Die Bundesrepublik ist nach wie vor die Exportnation Nummer eins. 2004 verkauften deutsche Unternehmen Waren im Wert von zirka 728 Milliarden Euro ins Ausland. Damit erreichte der Exportüberschuss ein Rekordniveau von 156 Milliarden Euro. Ein klarer Beweis dafür, dass der Außenhandel immer mehr zur tragenden Säule der deutschen Wirtschaft geworden ist. Der Bundesverband des deutschen Groß- und Außenhandels (BGA) bestätigt diese Einschätzung. Die EU-Erweiterung sowie die wirtschaftliche Entwicklung der Schwellenländer eröffnen nach Überzeugung des BGA langfristige Wachstumsmärkte und geben zum Optimismus Anlass.

Schon heute ist allerdings klar, dass Deutschland seine Position an der Weltspitze längst nicht in allen Bereichen halten kann. So muss beispielsweise die Textilindustrie durch die massive Konkurrenz aus China und der Türkei ums Überleben kämpfen. Ähnlich schlecht ist es um die Lederwarenindustrie bestellt. Hier gingen seit Anfang der 70er Jahre 90 Prozent der Arbeitsplätze verloren. Heute beschäftigt die Branche deutschlandweit nur noch 4 000 Mitarbeiter. Sie lässt inzwischen fast ausschließlich im preiswerten Ausland produzieren. Automobilzulieferer und viele andere Unternehmen weichen ebenfalls verstärkt in Niedriglohn-Länder aus, die C-Teile nicht nur besonders preiswert, sondern auch in guter Qualität fertigen. Selbst in Ländern, die gemeinhin als teuer gelten, wird häufig zu wesentlich attraktiveren Produktionskostensätzen als hierzulande gearbeitet. So spart der Motorsägenhersteller Stihl beispielsweise durch die Fertigung an seinen Standorten in der Schweiz gegenüber der Produktion in Deutschland 30 Prozent pro Stunde. In den USA liegen die Aufwendungen um 44 Prozent unter dem deutschen Wert und in Brasilien sogar um 86 Prozent.

Brisant sieht es aber auch für die nach wie vor massiv staatlich geförderte Steinkohleindustrie, den Stahlbereich oder die Chemie aus. Hier haben ausländische Wettbewerber deutsche Unternehmen längst mit innovativen Ideen und effizienten Produktlösungen überholt. Zukunftsbranchen wie die Gentechnologie sind in Deutschland weitgehend unterentwickelt. Die ebenfalls stark expansive Pharmaindustrie hat sich fast vollständig aus der Bundesrepublik zurückgezogen. Selbst deutsche Banken und große Dienstleister denken immer lauter darüber nach, ihre Zentralen oder zumindest wichtige Abteilungen ins Ausland zu verlagern. Da nutzt es wenig, dass der Wirtschaftsminister nach einem »modernen Patriotismus« verlangt und die Unternehmer zu einem Verbleib in Deutschland mahnt. Gewaltige Lohnkosten und Steuersätze, die weit über denen anderer Länder liegen, hemmen die Lust an einem Aufrechterhalten der Produktion in Deutschland nachhaltig. Wer jetzt nicht den Schritt ins Ausland wagt und weiterhin die Wertschöpfung für sein Unternehmen ausschließlich in Deutschland generiert, läuft zumindest mittelfristig Gefahr, im immer härteren internationalen Wettbewerb zu den Verlierern zu gehören.

Auch das Label »Made in Germany«, das maßgeblich dazu beitrug, Produkte aus der Bundesrepublik zu weltweiten Verkaufshits zu machen, überzeugt immer weniger Verbraucher. Kein Wunder, denn Meldungen über gravierende Qualitätsmängel von Erzeugnissen deutscher Edelmarken-Hersteller machen immer häufiger Schlagzeilen. So musste DaimlerChrysler beispielsweise 2004 Limousinen der A-, E- und S-Klasse sowie aus den Modellreihen CL und CLK wegen gravierender Mängel im elektronischen Hydrauliksystem in die Werkstätten beordern. Die Folge: Die Kfz-Edelschmiede aus Stuttgart-Untertürkheim musste sich bei einer Kundenzufriedenheitsanalyse des ADAC mit dem drittletzten Platz zufrieden geben. Ausländische Marken, die vor wenigen Jahren hierzulande noch als »Exoten« und qualitativ minderwertig galten, lagen klar vor DaimlerChrysler.

Ebenso Imageschädigendes passierte auch Siemens. Neben Problemen mit der Software eines neuen Handymodells musste der Elektronik-Riese in der jüngsten Vergangenheit schwere Mängel an seinen Niederflur-Straßenbahnen »Combino« eingestehen. Die Reihe der Beispiele ließe sich problemlos weiter fortsetzen. Ausländische Produzenten wie Toyota profitieren von dieser Entwicklung und erzielen deutschlandweit immer neue Verkaufserfolge. Damit erreicht die Globalisierung für die deutsche Wirtschaft eine neue Dimension. »Bye-bye ›made in Germany‹«, heißt es deshalb im *Spiegel* und das *Handelsblatt* meint: »In ›Made in Germany‹ ist der Wurm drin«. Was zählt ist die Überzeugungskraft der Marke und nicht mehr das Land, in dem die Ware produziert wird.

Diesen Wandel erkennen inzwischen auch die traditionsreichsten deutschen Unternehmen. So fertigt beispielsweise Miele seine Haushaltsgeräte inzwischen auch in Tschechien. Der Maschinen- und Anlagenbau, hierzulande einer der wichtigsten Umsatzmotoren der Wirtschaft, plant bis zum Ende dieses Jahrzehnts zumindest den teilweisen Abschied von den Produktionsstätten in Deutschland. Nach den Ergebnissen einer Umfrage des Beratungshauses Roland Berger wollen 90 Prozent der Branche in naher Zukunft Teile der Fertigung ins Ausland verlagern. Ähnlich dramatisch sieht es auch bei den Automobilzulieferern aus. »Jeder zweite deutsche Zulieferer plant derzeit den Aufbau von Produktionsstätten in Osteuropa oder China«, meldet die Prüfungs- und Beratungsgesellschaft Ernst & Young. Die Unternehmen schätzen an den neuen Standorten aber längst nicht nur die günstigen Lohn- und Produktionskosten. Die hohe Qualifikation der Mitarbeiter, die Flexibilität des Faktors Arbeit und die Arbeitseinstellung sind ebenfalls wichtige Gründe, für die vorgesehenen Verlagerungen. »Auch in Peking und Bratislava gibt es mittlerweile hervorragende Ingenieure«, kommentiert Peter Fuß, Leiter des Bereichs Automotive bei Ernst & Young. Der Branchenexperte geht davon aus, dass sich auch Regionen wie Südostasien, Südamerika und Indien in Zukunft zu ähnlich attraktiven Produktionsstandorten für deutsche Automobilzulieferer entwickeln werden. Fuß: »Der Automobilstandort Deutschland ist durchaus in Gefahr.«

Der zunehmende Export von Arbeit schafft in der Bundesrepublik jedoch auch neue Arbeitsplätze, sogar mehr als im Inland verloren gehen. Zu diesem, im ersten Moment überraschend klingenden Ergebnis kommt die Studie »Arbeitsplatzeffekte der Globalisierung«, die das Bundesfinanzministerium im Jahr 2004 veröffentlicht hat. Die Begründung liefert das Ministerium gleich mit und verweist auf die Entwicklung des Beitrags der Außenwirtschaft zum Bruttoinlandsprodukt. Er ergibt sich aus der Differenz zwischen Ex- und Importen. Dieser so genannte Außenbeitrag hat sich zwischen 1991 und 2003 inflationsbereinigt verfünffacht. Gut ein Fünftel der inländischen Wertschöpfung und damit der Arbeitsplätze beruht derzeit auf den Exporten – mit steigender Tendenz. Dies bedeutet nach Interpretation des Bundesfinanzministeriums »nichts anderes, als dass Deutschland die verstärkte internationale Arbeitsteilung einschließlich der Produktionsverlagerungen und des Vorleistungsimports nutzt, um inländische Arbeitsplätze zu sichern beziehungsweise im Prozess des Strukturwandels neue zu schaffen«.

Auch die Technische Universität Darmstadt kommt bei einer Untersuchung zu dem Ergebnis, dass »die zunehmende Internationalisierung der deutschen Wirtschaft Chancen für mehr Beschäftigung im Heimatland eröffnet«. Einfache, arbeitsintensive Tätigkeiten würden zwar verstärkt ins Ausland verlagert, gleichzeitig würde dies die Entwicklung und Produktion spezialisierter, höherwertiger Güter vorantreiben. Allerdings bemängelt die Untersuchung, »dass viele etablierte Unternehmen die Möglichkeiten globaler Produktionsnetzwerke nicht energisch genug nutzen und damit Wachstumspotenziale ungenutzt lassen«.

Großer Nachholbedarf in der deutschen Gesellschaft

Von einem Land, das sich rühmt, Exportweltmeister zu sein, sollte man eigentlich eine hohe Aufgeschlossenheit gegenüber anderen Ländern erwarten. In Deutschland ist das anders. Nach wie vor gibt es in weiten Teilen der Bevölkerung mentale Blockaden gegenüber Nationen, die sich längst zu wichtigen Handelspartnern entwickelt haben. So werden Chinesen von einigen immer noch als »Hundefresser« verhöhnt. Polen und andere Osteuropäer gelten als notorische Diebe. Indien qualifizieren viele Kritiker, ohne dass sie das Land irgendwann einmal selbst bereist haben, als dreckig ab. Südamerikanern unterstellt man hohe Gewaltbereitschaft.

Alles, was nicht aus dem Westen kommt, stößt zumindest in den alten Bundesländern oft genug auf Skepsis. Daran ändert auch die Tatsache nichts, dass sich Osteuropa, die ehemalige Sowjetunion und China mit großen Schritten westlichen Lebensgebräuchen angenähert haben und, genau wie die westliche Welt, auf den Wohlstand ihrer Bürger bedacht sind. Ein Umdenken ist also dringend erforderlich. Die amerikanische Wirtschaft, aber auch viele europäische Nachbarn, haben diese Entwicklung längst begriffen und arbeiten vorurteilsfrei mit Unternehmen aus allen Teilen der Welt zusammen. Die deutschen Unternehmen sollten diesen Vorbildern unbedingt nacheifern, wollen sie nicht mittelfristig den Anschluss verlieren. Sonst ist es schon bald vorbei mit dem Spitzenplatz auf der Hitliste der Länder mit den größten Exporterfolgen.

Die Befangenheit gegenüber Nationen, die man bisher nicht ganz genau kennt, spiegelt sich auch in der Urlaubsplanung der Deutschen wider. Gerne geht es nach Mallorca oder auf die Kanaren. Aber nicht nur, weil die Anreise innerhalb weniger Stunden zu schaffen ist und Flug- und Reisegesellschaften mit immer neuen Billig-Angeboten locken. Der Grund ist häufig ein anderer. In diesen Ländern können die Erholungssuchenden sicher sein, genau das zu bekommen, was sie aus der Heimat kennen. Kein Wunder, dass in den spanischen Urlaubshochburgen deutsches Bier und deutsche Kost oft besser verkauft werden, als einheimische Speisen und Getränke. Und nicht zuletzt ist es für Urlauber aus der Bundesrepublik auch überaus verlockend, mit dem Personal der Hotels und Gaststätten überwiegend Deutsch sprechen zu können. Denn Fremdsprachen sind nicht gerade die Stärke der Deutschen.

Das begründet sich oft nicht nur mit der Unlust, eine andere Sprache zu lernen. Viele halten es immer noch für eine Selbstverständlichkeit, dass jeder Ausländer, der mit ihnen Geschäfte machen will, natürlich die deutsche Sprache zu beherrschen hat. Eine Forderung, die in Zeiten der globalen Märkte arrogant ist und nicht gerade dazu beiträgt, den Ruf Deutschlands als weltoffenes Land zu fördern. Erst langsam erkennen jüngere Manager und Ingenieure aus der Bundesrepublik, wie wichtig gute Sprachkenntnisse für die eigene Karriere und die internationalen Erfolge ihrer Arbeitgeber sind. Nach wie vor stehen Personalberater vor besonderen Herausforderungen, wenn es gilt, in Deutschland Kandidaten für Auslandseinsätze zu rekrutieren. Geht es um eine Position in den USA oder in einem europäischen Nachbarland, gelingen solche Transaktionen zwar noch. Handelt es sich aber um eine Aufgabe in China, Indien oder irgendwo anders auf der Welt, bedarf es meist der ganzen Überredungskunst des Beraters und eines gehörigen »Schmerzensgelds« in Form von deutlichen Gehaltszuschlägen. Die Notwendigkeit der Globalisierung und die Bereitschaft, sich an ihrer Entwicklung aktiv zu beteiligen, hat sich in den Köpfen vieler Deutscher also noch nicht durchgesetzt.

Geht es jedoch darum, ganz im Sinne von »Geiz ist geil«, von Preisknüllern zu profitieren, die im Rahmen der globalen Märkte erst möglich geworden sind, will niemand diese Chance verpassen. »Smart Shopping«, also die Jagd nach Schnäppchen, ist zum Volkssport geworden. Hoffentlich fördert diese Freude am preiswerten Einkauf auch die Bereitschaft, sich gegenüber anderen Ländern und deren Bevölkerung aufgeschlossener zu zeigen.

Die Globalisierung ist nicht mehr aufzuhalten

Selbst die vehementesten Gegner der Globalisierung müssen irgendwann einsehen, dass die Globalisierung wie ein Naturgesetz ist. Die deutsche Wirtschaft kann nur überleben, wenn sie sich dieser Herausforderung stellt und konsequent die Vorteile der globalen Verflechtung nutzt. Der Protektionismus der früheren Jahre lässt sich nicht mehr aufrechterhalten, will man nicht Gefahr laufen, sich von der vorgezeichneten Entwicklung der Weltwirtschaft abzuschotten. Schließlich ist längst bewiesen, dass der internationale Austausch von Waren für alle Beteiligten zu Wohlstand führt. Durch die verstärkte internationale Arbeitsteilung steigen die Einkommen in den Niedriglohnländern. In Regionen, die innovative und aufwändige Investitions- und Konsumgüter von hoher Qualität fertigen, verbessern sich die Einkommenssituation und die Lebensqualität ebenfalls nachhaltig. Es gibt also keinen Grund, über das Zusammenwachsen der internationalen Märkte zu jammern. Im Gegenteil: Wir sollten froh sein, dass wir mit der Globalisierung die einzigartige Chance bekommen, die weltweite Wirtschaft zu stärken und den Frieden sicherer zu machen.

Auch das fast schon sture Festklammern an heimischen Branchen, die einst als wirtschaftliche »Perlen« galten, ihre Stärke aber inzwischen verloren haben, ist volkswirtschaftlich gesehen unsinnig. Hier werden mit gewaltigen staatlichen Subventionen Bereiche am Leben gehalten, die längst keinen nennenswerten Beitrag zum Bruttoinlandsprodukt mehr leisten. Es gibt im Ausland beispielsweise genügend Unternehmen, die im Stahlbereich wesentlich effizienter produzieren können, als es uns hierzulande möglich ist. Wir sollten uns in Deutschland im Wesentlichen auf unsere Kernkompetenzen, also Forschung und Technologie, konzentrieren und einfachere Zulieferteile im Ausland beziehen. Dass die aktive Globalisierung für unser Land zum »Jobmotor« werden kann, haben Bundesfinanzministerium und Universitäten in ihren Studien bereits nachgewiesen.

Kapitel 2
Global Sourcing – Beschaffen rund um den Globus

Marken wie Nike, Puma oder Adidas kennt wohl jeder. Wussten Sie aber auch, dass diese Erfolgsunternehmen ihre Produkte nahezu ausschließlich im Ausland fertigen lassen, also wesentliche Teile der Wertschöpfung auf internationale Lieferanten verlagern? Nur Design und Marketing werden vorwiegend von den Firmenzentralen vorgegeben. Selbst der Vertrieb liegt häufig in der Verantwortung von Dienstleistern. Die drei Giganten der Sportartikelbranche sind jedoch keine Ausnahmen. Auch andere Betriebe aus der Bekleidungsindustrie oder PC-Hersteller lassen ihre Produkte nach detaillierten Vorgaben in Niedrig-Lohnländern fertigen – zu sensationell günstigen Preisen und in absoluter Top-Qualität. Versehen mit den individuellen Gebrauchsanweisungen für das jeweilige Land, gelangt die Ware direkt in die Regale der weltweiten Händler. Kein Wunder, dass Herbert Hainer, Vorstandsvorsitzender der Adidas AG für das Geschäftsjahr 2004 wiederum ein Rekordergebnis verkünden konnte. Der Adidas-Lenker:»Unser Konzern erzielte ein beeindruckendes Umsatzwachstum sowie Rekorde bei Rohertragsmarge und Gewinn.«

Das weltweite Beschaffen wird also in Zeiten eines immer stärkeren Preis- und Wettbewerbsdrucks zu einem der wesentlichen Erfolgsbausteine für die Vorzeigeunternehmen unseres Landes. Denn günstige Materialkosten entwickeln sich immer mehr zum wichtigsten Grund, sich beim Einkauf international aufzustellen und damit nachhaltigen Erfolg zu generieren. Vorübergehende Preisaktionen bringen den Umsatz nur kurzfristig in Schwung. Die Möglichkeiten von Kostenreduzierungen sind häufig ausgeschöpft, weitere Einsparungen beim Personal und in der Produktion würden unweigerlich zu Qualitäts- und Imageverlusten führen. Ein verhängnisvoller Zusammenhang. Die meisten Firmenchefs müssen also aktiv werden, wollen sie sich mit ihren Produkten nicht nur weiterhin vom Wett-

Zukunftschance Global Sourcing. Gerd Kerkhoff
Copyright © 2005 WILEY-VCH Verlag GmbH & Co. KGaA, Weinheim
ISBN: 3-527-50196-7

bewerb differenzieren, sondern auch profitables Wachstum generieren. Die in nahezu sämtlichen Branchen zu beobachtende Verringerung der Wertschöpfungstiefe führt zur automatischen Aufwertung des Beschaffungsmanagements in Unternehmen. Je geringer die Wertschöpfungstiefe ist, desto mehr wird extern zugekauft. Dies sollte mit der Ausrichtung der Beschaffungsorganisation auf internationale Beschaffungsmärkte einhergehen. Für Michael von Bartenwerffer, Geschäftsführer der Holding Aug. Winkhaus GmbH & Co. KG, einer der führenden Anbieter im Bereich Tür- und Fenstertechnik, steht deshalb fest: »Logische Folge von sinkenden Wertschöpfungstiefen muss eine professionelle und grenzüberschreitende Beschaffung sein. Die Internationalisierung der Lieferantenstrukturen wird die strategische Herausforderung der nächsten Jahre sein.

Jungheinrich, weltweit Nummer vier im Bereich Flurförderfahrzeuge wie Gabelstapler oder Hubwagen, hat vorgemacht, wie erfolgreich diese Neuorientierung sein kann. Das Hamburger Unternehmen reduzierte in den letzten Jahren im Rahmen seiner konsequenten Ausrichtung auf die Kernkompetenzen die Fertigungstiefe auf durchschnittlich 30 bis 40 Prozent. Mehr als ein Drittel des Beschaffungsvolumens wird von den Hanseaten jetzt schon im Ausland eingekauft. Der Erfolg dieser Strategie spiegelt sich in der Geschäftsentwicklung deutlich wider: 2004 konnte Jungheinrich im fünften Jahr in Folge das operative Ergebnis steigern.

Die Einsicht, nicht nur im regionalen Umfeld des Firmensitzes nach zuverlässigen Lieferanten zu forschen, hat sich allerdings in den meisten Betrieben noch nicht durchgesetzt. »Deutschland gilt noch heute als Exportweltmeister und Importamateur«, kritisiert Professor Jochem Piontek. Der renommierte Beschaffungslogistiker warnt: »Deutsche Unternehmen werden in naher Zukunft daran gemessen, wie sie sich in die internationalen Beschaffungsmärkte integrieren, wie sie mit ›wandeln‹ und sich dadurch ›verwandeln‹.«

Dieser Rat gilt vor allen Dingen dem Mittelstand. Rund 80 Prozent der kleinen und mittelständischen Unternehmen beziehen, so die Erfahrungen führender Beratungsunternehmen, ihre Waren und Dienstleistungen aus dem eigenen Postleitzahlenbereich. Die restlichen knapp 20 Prozent überzeugen auch nicht gerade mit unternehmerischem Weitblick. Sie kaufen bundesweit und, wenn sie glauben, besonders fortschrittlich zu sein, im europäischen Ausland ein. Nur wenige wagen, bei der Beschaffung neue Wege zu gehen, und orientieren sich auf dem in vielen Fällen kostengünstigeren Weltmarkt. Die Gründe für diesen übertriebenen Lokalpatriotismus sind oft wenig betriebswirtschaftlich. Denn viele Betriebe fühlen sich bei ihren Zulieferern aus der Nachbarschaft ganz einfach gut aufgehoben. Sie wissen nicht, ob deren Preise und Leistungen tatsächlich mit dem Wettbewerb mithalten können. Da wundert es einen doch, dass die Deutschen in ihrem privaten Bereich als die preisbewusstesten Verbraucher Europas gelten. Schließlich lassen sich via Global Sourcing deutliche Einsparpotenziale realisieren.

Derzeit liegt der Anteil der deutschen Industrie an dem Gesamtimport unserer Wirtschaft bei knapp 40 Prozent, nimmt aber kontinuierlich zu. Etwa 75 Prozent der Teile werden derzeit noch in Europa beschafft. Erst ein Zehntel des Importvolumens kommt aus den boomenden asiatischen Ländern, die mit immer preiswerteren, aber dennoch hochwertigen Gütern auf sich aufmerksam machen. Die Einfuhren aus diesen Regionen nehmen dynamisch zu. Diese Entwicklung sollte für deutsche Zulieferer ein Warnsignal sein. Sie müssen jetzt reagieren und auf die attraktiven Angebote der wachsenden internationalen Konkurrenz überzeugende Antworten finden. Man kann davon ausgehen, dass Unternehmen, die künftig nicht global »sourcen«, in drei bis fünf Jahren nicht mehr wettbewerbsfähig sind. Sie laufen Gefahr, insolvent zu werden oder aber zu Übernahmekandidaten zu degenerieren.

Prinzipiell besteht für die deutsche Industrie noch kein Grund zur Panik. Der ehemalige Einkaufschef von VW, Dr. José Ignacio López de Arriortúa, hat überzeugend nachgewiesen, dass in den meisten Zulieferbetrieben eine Menge von bislang unentdeckten Verbesserungspotenzialen nur darauf wartet, entdeckt zu werden. Wer sich allerdings ausschließlich darauf beschränkt, die Globalisierung als Totengräber der deutschen Zulieferindustrie zu beklagen, riskiert es, seinen Betrieb schon bald in den Ruin zu steuern.

Natürlich darf man nicht verschweigen, dass Global Sourcing kein Wundermittel ist, mit dem sich blitzschnell aus roten Zahlen oder mageren Gewinnen sprudelnde Ertragsquellen zaubern lassen.

Wer die internationalen Märkte nicht kennt, erleidet Schiffbruch, statt seiner Bilanz neuen oder zusätzlichen Glanz zu verleihen. Zum wirklichen Renditetreiber wird die weltweite Beschaffung nur, wenn die Unternehmen mit Einkaufsexperten in den jeweiligen Ländern zusammenarbeiten, aus denen sie kostengünstig importieren wollen. Sie kennen die Verhältnisse in ihrem Markt bis in das kleinste Detail und wissen, wie man am besten auf die sozio-kulturellen Verhaltensweisen in ihren Regionen reagiert. Ähnliche Dienste bieten die so genannten Import-/Export-Trader an. Ob sich der Service tatsächlich lohnt, ist allerdings zu bezweifeln. Denn diese Dienstleister verlangen nicht nur vom Auftraggeber Provisionen, sondern auch von den Lieferanten.

Es gibt natürlich auch Fälle, bei denen sich Global Sourcing von vornherein als Beschaffungsstrategie ausschließt, sogar ineffizient wäre. Das gilt beispielsweise immer dann, wenn die Kosten für den internationalen Einkauf, wie zusätzliche Qualitätsprüfungen, Logistik, Transport oder Kommunikation, über dem Wert des betreffenden Produkts liegen. Kritische, für den Produktionsfluss extrem wichtige Produkte sind hingegen häufig auch für Global Sourcing geeignet. Eine entsprechende (Zwischen-) Lagerhaltung schafft die notwendigen Voraussetzungen. Dies ist also dann mehr eine Frage der Organisation.

Besonders wachstumsorientierte Unternehmen nutzen ihre globalen Sourcing-Aktivitäten nicht ausschließlich dazu, günstige Einkaufsquellen zu erschließen und dauerhaft zu sichern. Zu diesen Unternehmen gehört zum Beispiel die Bau- und Heimwerkermärkte-Kette Obi. Das Obi-Team in den osteuropäischen Staaten prüfte, ob sich nicht vielleicht auch ein Vertriebsnetz lohnen könnte. Das Ergebnis war eindeutig. Frühzeitig entstand der erste Obi-Markt in Polen, weitere folgten. Mittelfristig will der deutsche Branchenprimus weit mehr als 100 Märkte in Osteuropa und Russland betreiben und sich so als Marktführer etablieren.

Was heißt eigentlich Global Sourcing?

Global Sourcing steht für deutlich mehr als nur einige Bedarfsanfragen in Ländern mit geringen Lohnkosten. Eine einheitliche

Definition gibt es jedoch nicht. So spricht man beispielsweise von »der Ausrichtung der Beschaffungsaktivitäten von Unternehmen an den weltweit vorhandenen Beschaffungsmärkten«, »der strategischen Ausrichtung des Versorgungsmanagements auf die Nutzung weltweiter Beschaffungsquellen« oder von »systematischen, weltmarktorientierten, grenzüberschreitenden Beschaffungsmaßnahmen«. Die Volkswagen AG fasst den Begriff sogar noch weiter und redet vom »kontinuierlichen Prozess zur Planung, Steuerung, Durchführung und Kontrolle weltweiter Beschaffungsaktivitäten, um Qualität, Service und Wettbewerbsfähigkeit für Serienteile zu verbessern«. Um über den gesamten Lebenszyklus eines Produkts wettbewerbsfähig zu sein, wird bei Deutschlands größtem Automobilhersteller für Serienteile konzernweit Global Sourcing eingesetzt.

Damit steht eindeutig fest: Global Sourcing ist mehr als die einfache Ausdehnung der Beschaffungsmärkte auf andere Länder. Denn durch das strategische weltweite Beschaffen wird nicht nur die Versorgung mit den notwendigen Produkten und Dienstleistungen sichergestellt. Die Kenntnis ausländischer Märkte und Lieferanten macht es auch möglich, zukünftige Entwicklungen rechtzeitig zu identifizieren und von ihnen zu profitieren. Es handelt sich also um eine Strategie, die den Einkauf zu einem langfristigen Profit-Lieferanten für das Unternehmen macht. Mit anderen Worten, wer Global Sourcing richtig betreibt, investiert in die anhaltende Wettbewerbsfähigkeit seines Geschäftes.

Bei Global Sourcing handelt es sich nicht um einen kurzfristigen betriebswirtschaftlichen Trend, den ein mehr oder weniger bekannter Management-Guru ausgelöst hat und nun erfolgreich vermarktet. Hier geht es nicht, wie sonst so oft, um eine weitere Erfolgsformel, die auf einem schwachen Fundament steht. Global Sourcing hat eine jahrhundertelange Historie. Schon im Altertum reisten Händler per Schiff oder mit Lasttieren in weit entfernte Länder, um dort günstig einzukaufen und diese Regionen für sich als neue Absatzmärkte zu erschließen. So betrieben beispielsweise die Sumerer mit Ägypten, Syrien und Kleinasien bereits im dritten Jahrtausend vor Christus einen schwunghaften Handel. Während des Römischen Reichs verkauften Händler Geschirr, Silberschmuck oder Gewürze an die benachbarten germanischen Stämme. Im 16. Jahrhundert und nicht erst vor ein paar Jahren begann die Erschließung Asiens für den internationalen Handel. Damals wurde die niederländische Ostindien-Kompagnie gegründet.

Bereits seit dem 14. Jahrhundert erlangten Handelsfamilien und ihre expansiven Unternehmen zunehmende internationale Bedeutung. Eine der prominentesten und erfolgreichsten Dynastien waren die Fugger. Schon Mitte des 15. Jahrhunderts unterhielten die Augsburger enge geschäftliche Beziehungen mit Mailand, Venedig, London und Antwerpen. Global Sourcing wurde also bereits vor Jahrhunderten betrieben und führte schon damals zum wirtschaftlichen Erfolg der Beteiligten.

Wer den Berichten in den unterschiedlichsten Medien Glauben schenkt, muss zu der Überzeugung gelangen, dass sich weltweites Beschaffen nur in China lohnt. Natürlich hat sich das riesige Land in den vergangenen Jahren fast schon zu einem Einkaufsparadies für alle entwickelt, die ihre Fertigungstiefe in Deutschland auf ein effizientes Maß zurückführen wollen und deshalb Einzelteile oder komplette Systeme und Baugruppen aus dem Ausland beziehen möchten. Das gilt für die Automobilindustrie genauso wie für die Bereiche Stahl, Maschinen, Textilien und Schuhe oder Elektronik. Und das sind nur einige Beispiele. Wie attraktiv der zielgerichtete Einkauf von bestimmten Materialien in definierten Märkten ist, wird in diesem Buch ausführlich erläutert.

Es steht absolut fest, dass es sich kein Unternehmen, gleich welcher Größenordnung, heute leisten kann, auf Global Sourcing zu verzichten, will es nicht zu den Verlierern im immer härteren weltweiten Wettbewerb gehören. Dr. Frank-J. Müssigbrodt, Managing Partner der Network Corporate Finance GmbH & Co. KG empfiehlt deshalb:»Die globale Dynamik auf den Beschaffungsmärkten wird die Zuliefererstruktur erfolgreicher mittelständischer Unternehmen in den nächsten Jahren grundlegend verändern. Zur Sicherung von Wettbewerbsvorteilen sollte daher frühzeitig agiert werden.« Die Wirtschaft wächst immer enger zusammen. Die Türen zu den ausländischen Beschaffungsmärkten stehen weit offen. Unternehmer sollten diese einzigartige Chance nutzen und mit Global Sourcing die Profitabilität ihres Unternehmens nachhaltig erhöhen. Wer jetzt nicht zumindest damit beginnt, sich erste Gedanken über die weltweite Beschaffung zu machen, muss damit rechnen, dass ihm der Wettbewerb zuvorkommt. Dann wird der ohnehin schon enorme Preisdruck weiter zunehmen – mit den entsprechenden negativen Folgen für Umsatz und Ertrag. Noch besteht die Chance, die Vorreiterrolle zu übernehmen und sich von der Konkurrenz zu differenzieren.

Die häufig noch verbreitete Zurückhaltung, teilweise sogar Furcht, mit bislang unbekannten Lieferanten zusammenzuarbeiten, die zudem noch eine fremde Sprache sprechen, ist in den meisten Fällen unbegründet. Das gilt auch für die Identifikation möglicher Zulieferer. Diese Aktivitäten sind natürlich aufwändig, sie lassen sich aber bewältigen und werden bei entsprechender Vorbereitung fast immer von Erfolg gekrönt. Sogar eine Just-in-Time-Belieferung ist machbar, gleichgültig wie viele tausend Kilometer der Zulieferer von Ihnen entfernt produziert.

Welche Chancen und Herausforderungen bietet Global Sourcing?

Es gibt vielfältige Gründe, warum die richtig praktizierte weltweite Beschaffung massive Ertragspotenziale erschließt und die Wettbewerbsfähigkeit nachhaltig sichert. Die Abbildung 1 zeigt, aus welchen Faktoren sich der Erfolg von Global Sourcing, je nach den individuellen Zielsetzungen des Unternehmens und den Gegebenheiten in den jeweiligen Ländern, zusammensetzen kann.

1. Kostenreduzierung

Der zweifelsohne wichtigste Grund für Global Sourcing ist die Möglichkeit, Materialkosten und Gemeinkosten zu reduzieren. Die enormen Einsparerfolge spiegeln sich bereits in kurzer Zeit in einer spürbar erhöhten Rentabilität wider. Denn international orientierte Firmenchefs können ihre Beschaffungskosten deutlich reduzieren – ohne Qualitätseinbußen. Sogar die Logistikkosten sind von diesen Werten bereits abgezogen. Niedrige Lohn- und Lohnnebenkosten sowie häufig preiswertere Rohstoffe und die sich hierdurch bietende Möglichkeit, Vorprodukte und Dienstleistungen deutlich kos-

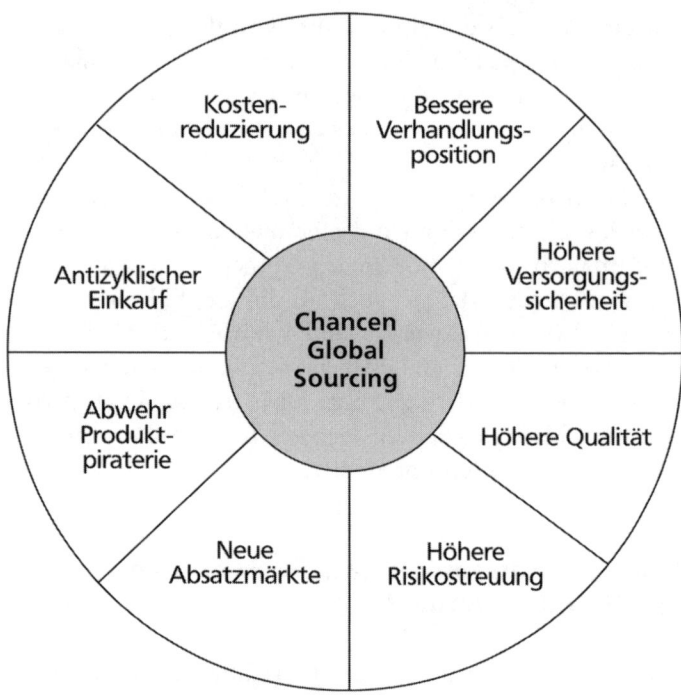

Abb. 1 Chancen Global Sourcing
Quelle: Kerkhoff Consulting

tengünstiger einzukaufen, gehören zu den wesentlichen Faktoren, die das weltweite Beschaffen so effizient machen und die Kostenstruktur eines Unternehmens nachhaltig positiv beeinflussen. Oftmals können durch Global Sourcing auch kostenintensive gesetzliche Auflagen oder lange Genehmigungsverfahren in Deutschland umgangen werden. Unternehmen, die sich konsequent auf ihre Kernkompetenzen konzentrieren, unkritische Produkte und Dienstleistungen extern und global einkaufen, werden langfristig im Wettbewerbsprozess vorne liegen.

In jüngster Zeit entsteht auch ein Wettbewerb zwischen typischen Global-Sourcing-Ländern wie beispielsweise China und Indien. So hat die chinesische Regierung erst kürzlich erklärt, im Bereich des Business Process Outsourcing (BPO) eine ähnlich starke Stellung wie Indien erlangen zu wollen. Neue Wirtschaftssonderzonen werden eingerichtet, der Preiswettbewerb bei BPO ist vorgezeichnet. Außerdem werden gezielt Regionen staatlich gefördert. Unternehmen, die sich ansiedeln, bekommen Subventionen oder genießen massive Steuervorteile. Keine Frage, dass sich diese Rahmenbedingungen dann temporär auf Produktpreise positiv auswirken. Unternehmen sollten also gezielt aus diesen Regionen beschaffen.

2. Verbessern der Verhandlungsposition mit vorhandenen Lieferanten

Wer sich als Zulieferer in einer unangefochtenen Position glaubt, wird sich bei Preis- und Konditionenverhandlungen weitgehend inflexibel verhalten. Das Wissen um internationale Konkurrenz, die vergleichbare Qualität zu attraktiveren Preisen anbietet, schafft nahezu »automatisch« die Bereitschaft zu Zugeständnissen. Bei Gesprächen bewirkt oft allein schon der Hinweis auf das Vorliegen eines Angebotes aus dem Ausland eine hohe Bereitschaft zur preislichen Anpassung an internationale Märkte. An dieser Stelle sei allerdings vor einer zu pauschalen Anwendung des Arguments, Global Sourcing und die konkrete Bedarfsdeckung sei auch in Asien möglich, gewarnt. Der Einkaufsmanager sollte sich schon sehr detailliert auskennen und dem Lieferanten nachweislich verdeutlichen, dass der Bedarf auch international gedeckt werden kann. Sonst verliert das Argument schnell an Überzeugungskraft. Schließlich kennt auch der Lieferant seine eigene Wettbewerbssituation in der Regel sehr gut. Hilfreich ist in diesem Zusammenhang auch die Analyse, wo der Bestandslieferant seine Produktionsstandorte unterhält und woher er seine Vorprodukte bezieht. Denn auch die Lieferanten agieren selber häufig schon global. Entweder kaufen sie selber schon global ein oder verfügen bereits über kostengünstige Produktionsstandorte im Ausland.

3. Steigern der Versorgungssicherheit

Die Fertigung lohnintensiver Güter wird verstärkt aus Deutschland und den westeuropäischen Nachbarstaaten in Niedriglohn-Länder verlagert. Die globale Beschaffung entwickelt sich damit zum einzigen Ausweg, sich den langfristigen Zugang zu Produkten zu schaffen, die hierzulande aus Kostengründen nicht mehr produziert werden. Diese Situation kennen wir schon seit Jahrzehnten auf dem Rohstoffmarkt. Der überproportionale Bedarf an unterschiedlichsten Rohstoffen schnell wachsender Länder wie China oder Indien ist ein Beispiel, wie schnell die falsche Einschätzung der Versorgungssicherheit bei Warengruppen zu höheren Einkaufskosten führen kann. Wer hätte vor fünf Jahren beispielsweise den deutlichen Preisanstieg bei Stahl vorausgesehen. Entsprechend wird es künftig zu ganz neuen Engpässen bei ganz anderen Warengruppen und Bedarfen kommen. Die frühzeitige Präsenz in den wichtigen Beschaffungsmärkten und somit das Wissen um regionale Lieferanten kann hier helfen, strategische Versorgungsengpässe verbunden mit massiven Preissteigerungen zu vermeiden. Ein anderes Beispiel für die Erhöhung der Versorgungssicherheit ist das Aufbrechen von monopolartigen Beschaffungssituationen auf den Heimatmärkten. Dass hier grundsätzlich Abhängigkeiten und somit eine latente Gefahr der Nichtversorgung besteht, bringt ein monopolistischer oder oligopolistischer Beschaffungsmarkt mit sich. Häufig hören wir von unseren Kunden, dass wir einige Warengruppen gar nicht analysieren sollen. Da gäbe es so oder so nur wenige Lieferanten, die sich »kartellartig absprechen«. Global Sourcing kann helfen, diese Monopole aufzubrechen. Dies ist nur eine Frage der richtigen Beschaffungsmarktforschung. Unternehmen werden so flexibler, verringern Abhängigkeiten und erhöhen die Versorgungssicherheit.

4. Optimieren der Qualität

Der Zugriff auf eine erhöhte Zahl von qualifizierten Lieferanten schafft die Möglichkeit, aus einem deutlich breiteren Angebotsspektrum mit häufig beträchtlichen Qualitätsunterschieden auszuwählen. Was heißt das konkret? Hierzu drei Erklärungen:

Erstens ist das oftmals gehörte Argument, Osteuropäer oder Asiaten können nur »Billigware« liefern, mittlerweile obsolet. Dieser Meinung ist auch Professor Wolfgang Luan, Gründer der Famous Industrial Group GmbH und intimer Kenner der chinesischen Wirtschaft: »Häufig werden Qualitätsgründe für eine mangelnde Aktivität auf den weltweiten Beschaffungsmärkten angegeben. Im Hinblick auf zahlreiche erfolgreiche Lieferantenpartnerschaften unserer Kunden, die eine Belieferung mit technologisch hochwertigen Komponenten beinhalten, ist die bloße qualitätsbezogene Argumentation kritisch zu hinterfragen.« Außerdem durchlaufen auch diese Länder in den unterschiedlichen Regionen einen Entwicklungsprozess. So hätte vor 30 Jahren niemand gedacht, dass Automobile aus Japan heute qualitativ wettbewerbsfähig sind. Diesen Prozess beziehungsweise das Aufweichen von Vorurteilen konnte man in den 90er Jahren erneut beobachten und zwar bei koreanischen Produkten. Dass Samsung mittlerweile mitführend bei Mobiltelefonen oder Laptops ist, dass Daewoo oder Hyundai akzeptierte Automobilproduzenten sind, konnten wir uns vor zehn Jahren nicht vorstellen. Ähnlich wird es sich bei Produkten und Dienstleistungen aus »neueren« Beschaffungsmärkten entwickeln. Osteuropäische Länder wie Ungarn, Polen oder die Türkei, aber auch Indien und China verfügen über zunehmend hervorragende Ingenieure oder Kaufleute. Hinzu kommt, dass diese auch noch extrem wissbegierig und leistungswillig sind. Es gibt keinen Grund, Produktqualitäten aus diesen Ländern langfristig schlecht zu reden. Zudem gibt es genügend Möglichkeiten, Qualitäten bei Lieferanten zu kontrollieren. Adidas oder Puma machen dies professionell vor. Wie bereits ausgeführt, lassen sie zu fast 100 Prozent international fertigen. Dies gelingt den beiden Unternehmen nur, indem sie strikte Qualitätskontrollen durchführen.

Zweitens ist die frühzeitige Identifikation von Schlüsseltechnologien für die eigene Unternehmung ein weiteres Argument, global zu beschaffen und Qualität zu sichern. Wer global beschafft, profitiert von diesen innovativen Technologien und erkennt frühzeitig neue Trends. Global Sourcing kann so gezielt vorhandene Erfahrungen einzelner Beschaffungsmärkte in spezifischen Branchen nutzen. So gelten beispielsweise die Inder als die weltbesten Entwickler von Software und andere asiatische Staaten als Vorreiter in der Elektronikindustrie. Davon kann man nur lernen. Die Kooperation mit ausländischen Lieferanten schafft einerseits eine höhere Unabhängigkeit von dem bereits bestehenden, in den meisten Fällen vornehmlich nationalen Zuliefererpool. Zum anderen kann das Unternehmen durch seine Präsenz auf den weltweiten Beschaffungsmärkten schneller als bisher auf neue Trends reagieren – ein wichtiges Kriterium in Zeiten immer kürzerer Produktlebenszyklen.

Und drittens ist natürlich das zunehmende Qualitätsniveau internationaler Anbieter auch für deutsche Lieferanten ein deutlicher Anreiz, sich zu bewegen, sei es preislich oder qualitativ.

5. Erhöhte Risikostreuung

International beschaffende Unternehmen sind nicht länger von den Entwicklungen auf regionalen Beschaffungsmärkten abhängig. Nationale Einflussfaktoren, wie Streiks oder Lieferengpässe, können ausgeglichen werden. So wären zum Beispiel für Ford die schmerzhaften Erfahrungen mit dem Zulieferer Kiekert vermeidbar gewesen. Der Kölner Automobilhersteller bezog seine Türschlösser vor einigen Jahren ausschließlich bei dem Unternehmen aus dem rheinischen Heiligenhaus und musste aufgrund von Lieferschwierigkeiten seines einzigen Lieferanten die Produktion der Modellreihen Fiesta und Puma für einige Tage stoppen. Heute ordert Ford die Schlösser bei mehreren Unternehmen, Versorgungsprobleme gehören der Vergangenheit an. Damit wird deutlich, wie die Zusammenarbeit mit Lieferanten aus unterschiedlichen Nationen das Risikopotenzial auf ein überschaubares Maß reduziert. Häufig führt man in diesem Zusammenhang auch die hohe politische Unsicherheit als Argument an, nicht in bestimmten Ländern zu beschaffen oder sogar eine Produktion aufzubauen. Dies ist auch bei einer ersten oberflächlichen Betrachtung richtig. Das gesamte Land allerdings dann auszuschließen, wäre falsch. Auch hier bedarf es einer differenzierten Auswahl der richtigen Beschaffungsmärkte beziehungsweise des richtigen Mix an Ländern und den dortigen Lieferanten. So können politische Unruhen, Streiks oder Naturkatastrophen durch die kurzfristige Verlagerung von Aufträgen zu erprobten Zulieferern in anderen Regionen umgangen werden. Der

Modekonzern Bogner aus München hatte hier in den 90er Jahren Lehrgeld zu zahlen. Viele Lieferanten waren im damaligen Jugoslawien angesiedelt. Bei Ausbruch des Krieges musste Bogner in kürzester Zeit ganze Kollektionen auf andere Länder verlagern. Hätte das Unternehmen schon damals eine gesunde Mischung aus mehreren Zulieferregionen gehabt, hätte dieses Problem elegant vermieden werden können.

6. Erschließen neuer Absatzmärkte

Wer seine Beschaffungsaktivitäten auf ausländische Märkte ausdehnen will, muss sich intensiv mit den wirtschaftlichen und soziokulturellen Gegebenheiten in den jeweiligen Ländern vertraut machen. Im Rahmen dieser Aktivitäten lassen sich ohne großen Zusatzaufwand Bedarfe und darüber hinaus Absatzmöglichkeiten in den Regionen identifizieren. Enge Kontakte zu den Lieferanten und den Behörden können dazu beitragen, die Erfolgschancen der eigenen Waren beim Einstieg in den bislang noch nicht erschlossenen Markt deutlich zu verbessern. Geht es darum, Produkte in einem Land zu verkaufen, das Importe nur zulässt, wenn es im Gegenzug selbst hergestellte Waren liefern darf, kann Global Sourcing ebenfalls als »Eintrittskarte« für den neuen Absatzmarkt genutzt werden. Das gilt genauso, falls so genannte Local-Content-Anteile verlangt werden. Sie schreiben vor, dass ein ausländisches Produkt zu einem bestimmten Prozentsatz aus Einzelteilen, die von lokalen Anbietern bezogen wurden, bestehen muss. Das gilt zum Beispiel in vielen asiatischen Ländern.

7. Effiziente Reaktion auf Produktpiraterie

In China gilt es in keiner Weise als kriminell, erfolgreiche ausländische Produkte bis ins Detail nachzubauen und zu Billigpreisen auf den Markt zu werfen. Das Einschalten eines Rechtsanwalts können sich die betroffenen Unternehmen oftmals sparen. Chancen auf Schadensersatz haben sie nicht, es sei denn, der Global-Sourcing-Prozess wird von Anfang an juristisch richtig begleitet. Durch

Global Sourcing auf dem chinesischen Markt lässt sich jedoch zumindest ein Teil der entgangenen Erträge durch die erzielte Beschaffungskostenreduktion kompensieren.

8. Antizyklischer Einkauf

Strategisches, globales Beschaffungsmanagement identifiziert und berücksichtigt volkswirtschaftliche Konjunkturschwächen. Befinden sich Länder in einer konjunkturellen Talfahrt oder bereits im Tal, führt dies in der Regel zu unausgelasteten Produktionskapazitäten. Der Zwang, diese auszulasten, zieht oftmals eine Preisspirale nach unten mit sich. Auch wird versucht, hohe Lagerbestände überproportional schnell abzubauen. Hier ist ebenfalls mit günstigeren Beschaffungskosten bei Vorprodukten zu kalkulieren. Die Asienkrise Ende der 90er Jahre, Anfang 2000 war ein gutes Beispiel. Verkäufermärkte entwickelten sich zu Käufermärkten, sämtliche Preisniveaus wurden nach unten korrigiert. Ähnliche Entwicklungen ließen sich beim Zerplatzen des Internethypes 2001 beobachten. Auch hier konnten intelligent und strategisch agierende Einkaufsmanager überproportionale Preiszugeständnisse bei Produkten und Dienstleistungen aller Art erzielen und günstiger einkaufen.

Die genannten Chancen überzeugen. Zweifelsohne ist Global Sourcing auch mit unterschiedlichen Herausforderungen verbunden, denen sich Unternehmen stellen müssen und die es zu managen gilt:

1. Lieferzeit

Wer global sourct, muss mit einer lieb gewonnenen Gewohnheit Schluss machen. Der Griff zum Telefonhörer und der kurze Abruf von Materialien, die dann in ein paar Tagen oder sogar schon in wenigen Stunden geliefert werden, reicht nicht mehr aus. Die Lieferzeit nimmt deutlich zu. Es sei denn, die Lagerbestände wurden deutlich ausgeweitet – mit den entsprechenden negativen Folgen für die Kapitalbindung. Entsprechend professioneller muss die gesamte Logistik organisiert werden. Häufig hören wir, dass es doch gar keinen Sinn macht, Produkte über eine solch lange Distanz zu verschiffen. Erstens sei dann der Just-in-Time-Ansatz nicht gewährleistet, zweitens würden die Logistikkosten die eigentlichen Kostenvorteile überkompensieren. Just-in-Time ist aber auch bei globaler Beschaffung möglich. Zum Thema Logistikkosten muss man sich vergegenwärtigen, dass es kostenintensiver ist, einen Lkw beispielsweise mit Malz für die Brauereiindustrie von Passau nach Bremen zu fahren, als die Ware von Brasilien mit dem Schiff in die Hansestadt transportieren zu lassen. Auch auf dieses Thema geht das Buch später noch einmal ein.

2. Kommunikationsschwierigkeiten

In erster Linie zählen natürlich Sprachprobleme zu den gravierendsten Kommunikationsmängeln. Zweifelsohne wird in den meisten Beschaffungsländern Englisch gesprochen. Das Sprachniveau ist jedoch sehr unterschiedlich. Hat man in der Region Shanghai oder Peking in der Regel weniger Verständigungsschwierigkeiten, ist das in entlegeneren Gegenden Chinas bei weitem nicht so häufig der Fall. Ähnlich verhält es sich in anderen Beschaffungsländern. Auch stellt man immer wieder fest, dass es zwar ausländische Verkäufer gibt, die perfekt Englisch sprechen, die deutschen Einkäufer jedoch über unzureichende Kenntnisse dieser Sprache verfügen. Das gilt vor allem für die Beschaffer in kleinen und mittelständischen Betrieben. So ist es dann nicht verwunderlich, dass schon die ersten Kontaktgespräche erfolglos verlaufen. Weitere Kommunikationsschwierigkeiten entstehen in der Verhandlungsphase. Hier geht es in erster Linie darum, unterschiedliche landesspezifische Mentalitäten und Strategien zu berücksichtigen. Gelten beispielsweise Pünktlichkeit und Exaktheit der Absprachen für die meisten deutschen Geschäftsleute als oberstes Gebot, verhalten sich ausländische Verhandlungspartner in diesen Bereichen häufig wesentlich unkonventioneller. Einigt man sich schließlich auf eine Kooperation, erschwert in einigen Ländern die mangelnde Kommunikationsstruktur die Zusammenarbeit. In diesen gehören E-Mail oder die Möglichkeit zur Datenfernübertragung längst nicht zur Grundausstattung jedes Betriebes.

3. Aufwändiges Markt-Screening

Hinter die »Kulissen« eines potenziellen Zulieferers aus dem Ausland zu schauen, ist wesentlich schwieriger als die Lieferantenauswahl in bekannten Regionen. Ganz abgesehen vom notwendigen finanziellen Aufwand, ist es für Newcomer oft schwierig, sich ohne fremde Hilfe verlässliche Informationen über die Zukunftsperspektiven eines potenziellen Zulieferers und seiner Branche zu besorgen. Es nutzt nämlich wenig, einen scheinbar optimalen Preis auszuhandeln, der jedoch aufgrund von massiv gestiegenen Rohstoffkosten schon nach wenigen Wochen deutlich in die Höhe schnellt. Eine umfassende, detaillierte internationale Beschaffungsmarktforschung muss daher integraler Bestandteil eines jeden Global Sourcing sein. Dieses systematische Screening von Beschaffungsmärkten erfolgt selbst in Deutschland häufig nicht. International ist diese intensive Marktforschung sogar noch wichtiger.

4. Sicherheit

Mit entsprechender räumlicher Entfernung zum Lieferanten steigt die Versorgungsunsicherheit. Neben den längeren Transportwegen können politische Instabilitäten, Naturkatastrophen oder Klimarisiken die Sicherheit der Warenlieferung beeinflussen. Auch stellt sich das Risiko der gleich bleibenden Qualität. Die Ursachen für Qualitätsprobleme können vielfältig sein. Letztlich müssen potenzielle Risiken beim Global Sourcing bekannt sein, um rechtzeitig Maßnahmen zu ergreifen, diese zu minimieren. Egal ob es permanente Qualitätskontrollen sind, das Einrichten von Zwischenlagern oder die Aufteilung des konkreten Bedarfs auf mehrere regional unterschiedlich agierende Lieferanten, Qualitätsrisiken sind prinzipiell minimierbar. Ein weiterer Unsicherheitsfaktor liegt in der Gefahr möglicher Technologieverluste. Sie können sich auf Patente, Zeichnungen, sonstiges formales Know-how oder Methodenwissen beziehen. Auch bietet ein professionell durchgeführtes Global Sourcing Ansätze, diese Risiken aus dem technologischen Bereich zu minimieren.

5. Unterschiedliche Rechtsvorschriften

Die Grenzen sind bislang nur innerhalb der EU gefallen. Beim Handel mit anderen Nationen gibt es immer noch höchst unterschiedliche Zollformalitäten und Exportvorschriften zu beachten. Die Auffassungen darüber, welche rechtlichen Folgen ein Kaufvertrag besitzt, sind ebenfalls sehr unterschiedlich. Jedem Beschaffungsmanager sei deshalb empfohlen, sich juristisch richtig beraten zu lassen. Zu unterschiedlich sind die rechtlichen Gepflogenheiten und die Rechtssysteme. Das Kapitel »Rechtliche Besonderheiten beim Global Sourcing« greift diese Thematik auf.

6. Währungsrisiken

Zweifelsohne ist auch das Management von potenziellen Währungsrisiken beim Global Sourcing eine oftmals neue Herausforderung, der sich Unternehmen stellen müssen. Allerdings stellen wir fest, dass in den Unternehmen diesbezüglich bereits sehr viel Expertise in der Verkaufs- und Finanzabteilung existiert. Nur leider macht sich der Beschaffungsmanager dieses Wissen nicht zunutze. Währungsrisiken sind aber zu kalkulieren, da sich ändernde Wechselkurse natürlich negative Folgen haben können. Steigt der Wechselkurs des Beschaffungslandes und ist der Kaufvertrag in der Währung des Beschaffungslandes abgeschlossen, erhöht sich der Preis der zu beschaffenden Warengruppe. Heutzutage ist es zu empfehlen, ein professionelles Kurssicherungssystem zu installieren, um sich vor drohenden Wechselkursrisiken zu schützen.

Wichtig zu wissen: Bei regelmäßigen konsequenten Analysen der weltweiten Beschaffungsmärkte kommt man immer wieder zu demselben Ergebnis. Es gibt in Deutschland kein hochwertiges Produkt, das an Image oder Qualität verliert, wenn Teile zu seiner Fertigung aus dem Ausland bezogen werden. Natürlich müssen Design und Technologie eindeutig die Handschrift des Herstellers tragen. Vieles andere kann aber Kosten sparend und ohne Qualitätsverlust im Ausland gefertigt oder dort beschafft werden. Dass Unternehmen beim Global Sourcing vor neuartigen Herausforderungen stehen, ist nicht überraschend. Wichtiger ist, dass diese Herausforderungen kontrollierbar sind. Dafür gibt es genügend Maßnahmen im Global-Sourcing-Prozess, um den Kritikern der weltweiten Beschaffung jederzeit widersprechen zu können. Natürlich stellt sich nach den bisherigen Ausführungen die Frage:»Wie hoch darf der Anteil ausländischer Zulieferteile sein?«, »Welche Produkte sind überhaupt international beschaffbar?« und »Welche Produkte oder Dienstleistungen kaufe ich lieber regional ein?«. Darauf gibt es keine pauschale Antwort. Immer müssen Warengruppen in Unternehmen individuell betrachtet werden. In diesen Warengruppen wiederum gibt es einzelne Produkte. Mittels einer Materialgruppenanalyse und einer Wertanalyse, die wir in Kapitel 4 beschreiben, können global beschaffbare Produkte und Dienstleistungen festgelegt werden. Dieses Verfahren gibt Aufschluss darüber, welche Kosten eines Produkts oder Prozesses sich nicht auf Qualität, Gebrauch, Lebensdauer oder den Verkaufspreis auswirken. Alles was von Ihnen hergestellt oder als Dienstleistung angeboten wird, hat einen individuellen Sensibilitätsgrad. Bis zu dieser Schwelle lassen sich Teile aus Ländern mit geringen Lohnkosten problemlos integrieren. Vorausgesetzt, sie erfüllen Ihre qualitativen Anforderungen.

Was unterscheidet Global Sourcing von anderen Sourcing-Strategien?

In der Praxis werden zahlreiche unterschiedliche Sourcing-Verfahren genutzt. Welche Strategie zum Einsatz kommt, richtet sich nach den jeweiligen Anforderungen des Unternehmens und der Komplexität der zu beschaffenden Produkte. Der »Königsweg« zur effizienten Beschaffung besteht also in den meisten Fällen in der zielführenden Mischung unterschiedlicher Verfahren.

Grundsätzlich können Sourcing-Strategien in vier Kategorien eingeteilt werden:
(1) Prozessbezogene Sourcing-Strategie,
(2) Lieferantenbezogene Sourcing-Strategie,
(3) Teilebezogene Sourcing-Strategie und
(4) Regionenbezogene Sourcing-Strategie.

Oftmals differenziert die Praxis die vierte Sourcing-Strategie, die so genannte regionenbezogene Strategie, eigenständig. Unter dieser wird dann auch Global Sourcing subsumiert. In vielen Fällen ist die regionenspezifische Entscheidung allerdings integraler Bestandteil der ersten drei genannten Strategien.

1. Prozessbezogene Sourcing-Strategie

Die prozessbezogene Sourcing-Strategie unterscheidet zwischen operativem Sourcing und Advanced Sourcing. Das operative Sourcing ist nichts anderes als das gewöhnliche tagtägliche Lieferantenmanagement. Beim Advanced Sourcing wird der Lieferant von Anfang an in den Produktlebenszyklus eines Produktes eines nachfragenden Unternehmens eingebunden, also bereits in die Forschung und Entwicklung des Abnehmers. Zielsetzung ist die Entwicklung eines neuen Produktes unter Berücksichtigung der Kostenstruktur der vom Lieferanten gelieferten Produktkomponenten. In diesem Zusammenhang wird auch häufig von Total Cost of Ownership oder auch Product Life Cycle Costing gesprochen. Letztlich wird versucht, alle Ein- und Auszahlungen von der Produktentwicklungsphase bis zum Ausscheiden des Produktes aus dem Markt abzubilden. Lieferantenkosten erfahren hier eine besondere Berücksichtigung, sie werden für den gesamten Zyklus inklusive Preisanpassungen verhandelt. Global Sourcing spielt hier eher beim operativen, tagtäglichen Lieferantenmanagement eine Rolle. Advanced Sourcing kann natürlich auch global erfolgen. Allerdings ist der Abstimmungsbedarf weit höher als beim einfacheren Lieferantenmanagement. Ist allerdings das Advanced Sourcing implementiert, spricht nichts gegen die globale Ausschreibung von Teilen für den gesamten Lebenszyklus eines Produktes.

2. Lieferantenbezogene Sourcing-Strategie

Die lieferantenbezogenen Sourcing-Strategien unterscheiden Single-, Dual- und Multiple-Sourcing-Ansätze. Letztlich wird ausschließlich die Frage geklärt, bei wie vielen Lieferanten ich für ein

Produkt nachfrage. Üblicherweise erfolgt im Rahmen von Global Sourcing der so genannte Multiple-Ansatz. Das heißt, ich wähle für ein und dasselbe Produkt mehrere Lieferanten aus und habe so die Möglichkeit, das Volumen auf mehrere Anbieter zu verteilen. So vermeide ich nicht nur lieferanten-, sondern auch regionenbezogene Abhängigkeiten. Das Versorgungsrisiko bleibt gering.

3. Teilebezogene Sourcing-Strategie

Einzelteil-Sourcing, Modul-/Komponenteneinkauf oder das Sourcen ganzer Systeme ist Entscheidungsbasis der teilebezogenen Sourcing-Strategie. Letztlich werden Produkte gemäß der klassischen ABC-Analyse in ihrer Komplexität beschrieben. Im Global Sourcing werden oftmals insbesondere einfache, bearbeitungsintensive Teile mit hohem Personalaufwand und mit geringem Versorgungsrisiko entsprechend international beschafft. Allerdings kann man durchaus die Prognose wagen, dass wir in den nächsten drei bis fünf Jahren auch dazu übergehen werden, komplette Systeme in China oder anderen internationalen Beschaffungsmärkten verstärkt einzukaufen. Viele Märkte entwickeln sich derart schnell, dass wir davon ausgehen müssen, auch bei komplexeren Systemen künftig auf neue Wettbewerber zu treffen. De facto erlebt man diesen Trend bereits bei Dienstleistungen im Rahmen des BPO. Schließlich handelt es sich dabei um ein Systemangebot, das es gestattet, beispielsweise die Abwicklung von kaufmännischen Funktionen schwerpunktmäßig nach Indien zu verlagern.

Die Detaillierung der Sourcing-Strategien verdeutlicht, dass die regionenspezifische Unterscheidung allein keine eigene Strategie mehr darstellt. Vielmehr ist sie immer auch Teilaspekt bei der Entscheidung, bei wie vielen Lieferanten welche Teile, prozess- oder einzelbezogen, in welcher Komplexität beschafft werden und welches Versorgungsrisiko bei bestimmten Produkten existiert. Welche Produkte lassen sich aber nun wirklich global beschaffen, welche muss beziehungsweise sollte ich also eher regional (Domestic Sourcing) beziehen?

Global Sourcing ist zwar für viele Produkte und den Bereich BPO der direkte Weg zu enormen Einsparpotenzialen. Alles lässt sich jedoch nicht im Ausland beschaffen, wenn es besondere Versorgungsrisiken zu berücksichtigen gilt. Um die effizienteste Sourcing-Strategie festzulegen, wenden wir die klassische ABC-Analyse an. Der Einfachheit halber bezeichnet A Güter mit hohem Wert, die meist als Unikate angefertigt werden. B steht für Güter mit einem mittleren Wert und einem mittleren Mengenanteil und C für Güter mit geringem Wert, die in hohen Stückzahlen gefertigt werden. Während A- und eine Reihe von B-Teilen durch ihre hohe beziehungsweise höhere Komplexität einem gewissen Versorgungsrisiko unterworfen sind, schafft die geringe Komplexität und das geringere Versorgungsrisiko bei den übrigen B-Teilen sowie den C-Teilen die notwendigen Voraussetzungen für Global Sourcing. Die Abbildung 2 verdeutlicht die Einordnung der Sourcing-Strategien.

Die Matrix verdeutlicht auch, dass eine pauschale Zuordnung zwar möglich ist. Durchaus kann es aber komplexere B-Teile geben, deren geringes Versorgungsrisiko durchaus ein Global Sourcing zulassen. Letztlich muss das gesamte Warengruppenmanagement ei-

Sourcing-Strategien

Versorgungsrisiko

Komplexität des Produktes

	--	++
--	**C-Teile** • Global Sourcing • Multiple Sourcing	**B-Teile** • Domestic Sourcing • Collective Sourcing
++	**B-Teile** • Global Sourcing • Multiple Sourcing	**A-Teile** • Advanced Sourcing • Domestic Sourcing • Collective Sourcing

Abb. 2 Sourcing-Strategien
Quelle: Kerkhoff Consulting

nes Unternehmens auf Produktkomplexität und Versorgungsrisiko analysiert werden, um die finale Entscheidung für oder gegen die strategische weltweite Beschaffung treffen zu können. Daher wird im Folgenden aufgezeigt, wie der idealtypische Prozess grundsätzlich aussieht.

Wie sieht ein Global-Sourcing-Prozess aus?

Global Sourcing macht den grenzüberschreitenden Einkauf zum wichtigen Element der Unternehmensstrategie. Die Erschließung der weltweit attraktivsten Beschaffungsmärkte erfolgt in drei Phasen. Der Prozess beginnt mit einer umfassenden Datenanalyse (Produktwert- und Materialgruppenanalyse). Sie legt detailliert fest, welche Produkte und Materialien für Global Sourcing in Frage kommen. Während Phase zwei, der Umsetzung, werden geeignete Märkte sowie potenzielle Lieferanten ermittelt und die notwendigen Voraussetzungen getroffen, um den internationalen Lieferantenpool in die bisherigen Beschaffungsaktivitäten zu integrieren. Das Beschaffungscontrolling als dritte Phase zielt darauf ab, die verein-

Global-Sourcing-Prozess

Phase I: Analyse	Phase II: Umsetzung	Phase III: Controlling
• Produktwertanalyse • Materialgruppenanalyse	• Bedarfs-/Produktspezifikation • Markt-Screening • Internationale Ausschreibung • Lieferantenbewertung und -auswahl • Belieferungs- und Logistikkonzept • Lieferantenverhandlungen • Vergabeprozess	• Beschaffungscontrolling: - Qualität - Logistik - Kosten - Lieferanten - Märkte
»Welche Produktkomponenten/-teile und Materialgruppen können global gesourct werden?«	*»Welcher Lieferant kommt für die Lieferung in Frage?«*	*»Wie werden Qualität, Logistik, Kosten etc. nachhaltig gesichert?«*

Abb. 3 Global-Sourcing-Prozess
Quelle: Kerkhoff Consulting

barte Qualität und die zuverlässige Belieferung langfristig sicherzustellen.

1. Datenanalyse (Produktwert- und Materialgruppenanalyse)

Bei der Datenanalyse (Produktwert- und Materialgruppenanalyse) geht es darum, zu analysieren, welche Produkte oder Dienstleistungen im Ausland beschafft werden könnten. Als Bewertungskriterien gelten beispielsweise die Relation von Gewicht und Wert der Produkte, die Bedarfsmengen und ihre Planbarkeit, Produktionsanforderungen, geforderte Zertifikate sowie Zollsätze und logistische Erfordernisse. Grundsätzlich geht die Materialgruppenanalyse einher mit einer Produktwertanalyse. Die Methode zielt auf die Kostensenkung der Produkte beziehungsweise deren Bestandteilen bei vorgegebenen Funktionen und Eigenschaften. Man zerlegt ein Produkt in seine Einzelbestandteile, strategisch wichtige Teile werden von strategisch unwichtigen Teilen getrennt. Letztere empfehlen sich wiederum für einen Global-Sourcing-Ansatz. Auf Basis der Datenanalyse erfolgt eine erste produktbezogene Länderanalyse. Produkte werden quasi mit Länderkompetenzen abgeglichen. Ergebnis ist die Ableitung einer ersten Empfehlung, in welchen Ländern ein umfassendes Markt-Screening erfolgen soll.

2. Umsetzungsphase

Die Umsetzungsphase eines professionellen Global Sourcing berücksichtigt eine Vielzahl von Einzelschritten, die im Folgenden in einem ersten Überblick dargestellt werden:

- *Produktspezifikation:* Der Erfolg der globalen Beschaffung hängt in hohem Maße von der Qualität und Vollständigkeit der Produktspezifikationen ab. Deshalb sollten die Verantwortlichen für die Bereiche Qualität und Produktion unbedingt in die Formulierung der notwendigen Anforderungen einbezogen werden.

- *Markt-Screening:* Im Rahmen des Markt-Screenings sind die in der Analysephase ermittelten weltweiten Beschaffungsmärkte nach qualifizierten, leistungsstarken Lieferanten zu untersuchen. Dieser Vorab-Check lässt sich am besten mit Hilfe von spezifischen Bewertungs- und Referenzbögen realisieren. Das Markt-Screening basiert aber nicht nur auf einer umfassenden Beschaffungsmarktforschung, die primäre und sekundäre Quellen berücksichtigt, sondern integriert auch die im Rahmen der Produktanalyse festgelegte Spezifikation.

- *Internationale Ausschreibung:* Eine erste internationale Ausschreibung auf Basis einer Lieferantenselbstauskunft führt zu einer ersten Auswahl potenziell in Frage kommender Lieferanten (Long List). Aus der Long List legt man fest, welche Unternehmen in den Bemusterungsprozess integriert werden.

- *Lieferantenbewertung:* Die Ergebnisse der Bemusterung reduzieren den Kreis potenzieller Lieferanten weiter (Short List). Neben der Bemusterung werden die auf der Short List stehenden Lieferanten mittels einer umfassenden Checkliste bewertet. Der Rücklauf dieser Check-Liste und die Auswertung führen zu einer Short-Short-List. Jetzt sind nur noch wenige Lieferanten im Rennen, die auf Herz und Nieren geprüft werden. Dies geschieht durch persönliche Besuche vor Ort. So werden beispielsweise bei Qualitätsaudits sämtliche Produktionsstätten, die für die Fertigung des jeweiligen Bedarfs geeignet erscheinen, detailliert überprüft. Sollte ein Anbieter keine aktuellen, anerkannten Zertifizierungen vorlegen können, sind international tätige Qualitätssicherungs-Experten mit dem Test der produzierten Teile zu beauftragen. Außerdem werden Belieferungs- und Logistikkapazitäten gecheckt. Die Effizienz jedes internationalen Beschaffungsprojekts bemisst sich auch an der reibungslosen und vor allen Dingen termingerechten Lieferung der Waren. Ein Belieferungskonzept muss deshalb die Versorgungssicherheit gewährleisten und die anfallenden Kapitalbindungskosten berücksichtigen. Bei der Logistik dürfen Unternehmen ausschließlich mit Firmen zusammenarbeiten, die über das notwendige Know-how verfügen und ihre Leistungsfähigkeit bereits mehrfach nachgewiesen haben. In der Regel dokumentiert sich die Kompetenz der Logistikexperten durch eine so genannte A-Lizenz. Nur sie ist Indikator zur Bewertung von Logistikern. B- und andere Lizenzen genügen nicht.

– *Lieferantenverhandlung:* Solche Gespräche unterliegen allein schon wegen der unterschiedlichen Mentalitäten ganz besonderen Einflüssen, die das Ergebnis maßgeblich beeinträchtigen können. Bei diesen Verhandlungen geht es nicht nur um Preise und Konditionen, sondern auch um die Absicherung von Materialqualitäten sowie Maßnahmen um die Belieferungssicherheit sicherzustellen.

– *Vergabe:* Im Anschluss an die Verhandlungen gilt es, die Entscheidung für oder gegen die Zusammenarbeit mit den ausgewählten Lieferanten sorgfältig vorzubereiten. Dazu gehören unter anderem die Gegenüberstellung der Vor- und Nachteile der jeweiligen Beschaffungsmärkte, die Lieferantenbewertungen sowie die Ergebnisse der Gespräche mit den Unternehmen. Der Besuch, der in Frage kommenden Fertigungsstätten, lässt ebenfalls wertvolle Rückschlüsse zu, ob die Zusammenarbeit zum gewünschten Erfolg führen kann. Entsprechend werden auch die Ergebnisse bei der endgültigen Vergabe berücksichtigt. Anschließend erfolgt der operative Prozess der Warenlieferung inklusive der bereits beschriebenen Logistik- und Qualitätsanforderungen.

3. Beschaffungscontrolling

Die Sicherung der vereinbarten Qualität sowie der termingerechten Belieferung ist ein zentraler Erfolgsbaustein Ihrer Global-Sourcing-Strategie. So müssen Unternehmen ihre ausländischen Lieferanten, genau wie deren deutsche Wettbewerber, immer wieder auf den Prüfstand stellen. Deshalb ist es mit dem einmaligen Markt-Screening in der zweiten Phase nicht getan. Regelmäßige Checks und möglicherweise Neuverhandlungen sind Pflicht, um die erzielten Wettbewerbsvorteile langfristig zu sichern.

Die Implementierung des Global Sourcing im Unternehmen ist also nicht nur zeitaufwändig, sie erfordert auch wegen der Komplexität des internationalen Einkaufs die genaue Kenntnis der jeweiligen Beschaffungsmärkte sowie der spezifischen Gepflogenheiten im Umgang mit den internationalen Lieferanten. Einige Beratungsgesellschaften verfügen über dieses Know-how und unterstützen den Global-Sourcing-Prozess mit theoretischem und praktischem Support. Sie schaffen mit aktuellen Branchen-, Markt- und Wettbewerbsstudien zusätzliche Transparenz auf den internationalen Beschaffungsmärkten.

Vier Fallbeispiele: Wie profitieren erfolgreiche Unternehmen vom Global Sourcing?

Im immer schärferen Wettbewerb wird die grenzüberschreitende Beschaffung zum Pflichtprogramm. Immense Lohn- und Lohnnebenkosten für hierzulande produzierte Waren und Dienstleistungen zwingen dazu, in Ländern mit deutlich attraktiveren Rahmenbedingungen zu sourcen. Übertriebener Lokalpatriotismus zahlt sich nicht aus, führt sogar häufig zu einem finanziellen Desaster. Die vier Unternehmen, die auf den folgenden Seiten vorgestellt werden, haben dies längst begriffen: Alle beschaffen weltweit. Alle erzielen durch dieses zukunftsorientierte Vorgehen gute Umsätze und Erträge, während ihre Wettbewerber häufig um das Überleben kämpfen müssen.

1. Praxisbeispiel: Ein Mittelständler lagert die gesamte Fertigung aus

Die Situation:

Die Bilanz von Axel Bree dürfte viele Chefs mittelständischer Unternehmen neidisch machen. Verkündet doch der Geschäftsführer des gleichnamigen Lederwarenproduzenten aus Isernhagen bei Hannover im *Manager Magazin*: »Wir machen einen ordentlichen Gewinn und haben so gut wie keine Schulden.« 2004 legte der Umsatz um 7 Prozent zu und stieg auf rund 50 Millionen Euro. Bree-Produkte gibt es mittlerweile weltweit in mehr als 80 Shops zu kaufen – von München über Luxemburg bis USA, Japan, China oder

Korea. Das Vertriebsnetz wächst immer weiter. Ein außergewöhnlicher Erfolg in einer Branche, die derzeit eher durch deutliche Umsatzrückgänge, steigende Insolvenzraten und Entlassungen Schlagzeilen macht als durch sprudelnde Gewinne.

Die Erfolgsstrategie:

Als im März 1996 Firmengründer Wolf Peter Bree plötzlich verstirbt, übernimmt zunächst ein Interimsmanager die Unternehmensleitung. Eine schwere Aufgabe, denn der ehemalige Firmenchef verfügt als einziger über das notwendige Know-how und die Geschäftsbeziehungen, um den Betrieb erfolgreich zu steuern. Es gilt in dieser Zeit eine Reihe von Rückschlägen hinzunehmen. Deshalb entschließt sich das Management, zu dem seit 2001 auch die Gründersöhne Axel und Philipp Bree gehören, zu einer grundlegenden Neuausrichtung. Wesentlicher Bestandteil der Umstrukturierung ist die Verlagerung der gesamten Produktion auf Zulieferer. Die Fertigungsanlagen am niedersächsischen Stammsitz werden geschlossen.

Heute lässt Bree zwar noch in Thüringen produzieren. Die meisten Produkte werden aber kostengünstig im Ausland gefertigt. Zulieferer in Italien, Spanien, Tschechien, Polen, Korea, China, Taiwan oder Vietnam sind an die Stelle der deutschen Mitarbeiter getreten. Bei der internationalen Auftragsvergabe verfolgen die Brees ein klares Konzept: Einfache Produkte, die keinen Modetrends unterliegen, lassen sie in Fernost produzieren. Dazu gehören beispielsweise Nylontaschen. Früher wurden die zeitlosen Artikel in Tschechien gefertigt. Jetzt haben chinesische Lieferanten die Produktion aufgrund der wesentlich günstigeren Lohnkosten übernommen. Hochwertige modische Damenhandtaschen kommen hingegen, nicht nur wegen der kurzen Transportwege, aus Thüringen. Die Nähe zum Lieferanten erlaubt es, kurzfristig Änderungen an der Kollektion vorzunehmen.

»Die Tektonik der internationalen Arbeitsteilung kommt nie zur Ruhe« kommentiert das *Manager Magazin*. Denn, sobald Axel Bree irgendwo ein Produkt seiner Wettbewerber entdeckt, von dem sich der Unternehmer interessante Umsatz- und Ertragschancen verspricht, ermittelt er zunächst das Herkunftsland. Dann macht sich Bree daran, via Internet potenzielle Lieferanten in dieser Region aufzuspüren.

Jedes Jahr kommen mehrere hundert neue Modelle von Taschen, Reisegepäck und Kleinlederwaren in die Regale der Bree-Shops. Eine Variantenvielfalt, die bei eigener Produktion gar nicht realisierbar wäre. Die konsequente Globalisierung schafft am Firmensitz sogar neue Arbeitsplätze. Als Firmengründer Wolf Peter Bree in Isernhagen produzieren ließ, beschäftigte das Unternehmen 75 Mitarbeiter. Seither ist das Team auf 130 Personen angewachsen. Sie sind fast ausschließlich damit beschäftigt, neue Produkte zu designen, für optimalen Kundenservice zu sorgen und das Image der Marke weiter aufzupolieren. Selbst der Vertrieb erfolgt über Partner. In Deutschland hat sich Bree für ein Franchise-System entschieden. Im Ausland übernehmen Importeure die Marktbearbeitung. Der Anteil am Weltmarkt steigt in den letzten Jahren kontinuierlich an. Die Brees sind optimistisch, dass diese positive Entwicklung anhält. Ein neuer Leitsatz unterstreicht das starke Selbstbewusstsein des Familienunternehmens. Er lautet »Bree – die Marke fürs Leben, immer eine Idee voraus«.

2. Praxisbeispiel: Vom Cash & Carry-Markt-Betreiber zu einem der führenden internationalen Handelskonzerne

Die Situation:

Die einzigartige Erfolgsgeschichte des Metro-Konzerns begann 1964 mit der Eröffnung des ersten deutschen Metro Cash & Carry-Markts. 1996 entstand mit der Verschmelzung von Asko Deutsche Kaufhaus AG, Kaufhof Holding AG und Deutsche SB-Kauf AG die Metro AG. In der Folgezeit werden unrentable Vertriebslinien aufgegeben und die offensive Expansion ins Ausland gestartet. Der Erfolg blieb nicht aus. Die heutige Metro Group entwickelt sich in wenigen Jahren zum drittgrößten Handelsunternehmen der Welt. »Wir konnten Umsatz und Ergebnis gegen den schwachen Branchentrend wiederum deutlich steigern«, kommentiert der Vorstandschef der Metro Group Dr. Hans-Joachim Körber den Geschäftsverlauf im Jahr 2004. Körber ist zuversichtlich, dass der seit Jahren ungebrochene Wachstumstrend weiterhin anhält. Zu diesem Optimismus hat er auch allen Grund.

Die Erfolgsstrategie:

Die Metro Group setzt auf offensive Internationalisierung – nicht nur durch die Eröffnung immer neuer Standorte, die dazu führt, dass der Konzern mit einigen seiner Vertriebslinien, zum Beispiel Metro Cash & Carry, Saturn oder Real inzwischen in zirka 30 Ländern vertreten ist. Eine ausgefeilte globale Sourcing-Strategie sowie die individuelle, auf die Bedürfnisse der Kunden in den jeweiligen Ländern zugeschnittene Beschaffung, verleiht der enormen Ertragsentwicklung zusätzliche Schubkraft. Das »Kompetenzfeld Einkauf« gilt denn auch bei der Metro Group »als wesentlicher Bestandteil der Handelskompetenz«.

Die zentrale Warenbeschaffungsorganisation liegt in der Verantwortung einer eigenen Gesellschaft. Diese Metro Group Buying GmbH (MGB) mit Tochtergesellschaften in Hongkong, Polen, Russland und in der Türkei ist für das nationale und internationale Sourcing von Food- und Nonfood-Waren zuständig. Die MGB arbeitet mit den Vertriebslinien eng zusammen und verhandelt die gebündelten Beschaffungsvolumina mit den Lieferanten. Diese Bedarfsbündelung führt zu einer deutlich höheren Bereitschaft der Verhandlungspartner zu attraktiven Zugeständnissen bei Preisen und Konditionen. Damit erschließen sich für die Vertriebslinien durch die Vorarbeit der MGB wichtige Wettbewerbsvorteile in ihren hart umkämpften Märkten.

Ein internationales Eigenmarkenkonzept fördert die Bindung der Kunden an die Vertriebslinien. Dazu wurden weltweit einheitliche Qualitätsmerkmale und Qualitätskontrollen definiert. Die Verpflichtung, diese Kriterien einzuhalten, bildet die Voraussetzung für die Zusammenarbeit zwischen der Metro Group und den Lieferanten.

Die MGB Metro Group Buying HK Limited, ebenfalls eine eigene Gesellschaft des Handelskonzerns, ist für die weltweite Beschaffung sowie die Direkt-Importe der Vertriebslinien zuständig. Ihre Kernkompetenz liegt in der Erschließung neuer Lieferantenpotenziale in Afrika, Asien, Osteuropa, Latein- und Nordamerika.

Wer irgendwo auf der Welt einen der mehr als 2 300 Standorte der Metro Group betritt, bekommt kein Standardangebot, das auch in den anderen Ländern erhältlich ist, präsentiert. Es gilt als ungeschriebenes Gesetz, dass die angebotenen Waren zu über 90 Prozent auf die individuellen Wünsche und Bedürfnisse der Bewohner der Region abgestimmt sind. So werden beispielsweise in den chinesischen Metro Cash & Carry-Märkten nur wenige europäische Produkte wie französische Bordeaux-Weine, italienisches Olivenöl oder norwegischer Lachs angeboten. Das Sortiment orientiert sich im Wesentlichen an den regionalen Lebensgewohnheiten. Die Spezialisierung geht sogar so weit, dass zum Beispiel in der chinesischen Region Sichuan aufgrund der höheren Nachfrage nach scharfen Gewürzen diesen Produkten breiterer Raum zugestanden wird. In Fuzhou bevorzugt die Bevölkerung Bier statt Reiswein – diese Vorliebe spiegelt sich natürlich im Angebot der jeweiligen Metro Cash & Carry-Märkte wider. Das Management und die Mitarbeiter werden ebenfalls vorwiegend in der Nachbarschaft der Standorte rekrutiert.

Als zukunftsorientierter Handelskonzern nutzt die Metro Group den Einstieg in bislang unerschlossene Märkte auch als Möglichkeit, neue Lieferantenpotenziale aufzubauen. So investiert der Handelskonzern beispielsweise gemeinsam mit der Deutschen Investitions- und Entwicklungsgesellschaft (DEG) in Fortbildungskurse für Lebensmittelproduzenten in Vietnam. Sie werden bei den Schulungen mit internationalen Qualitäts- und Gesundheitsstandards vertraut gemacht. Der Erfolg dieser Strategie spricht für sich: Der Metro Group ist es auf den meisten Auslandsmärkten gelungen, innerhalb kurzer Zeit in den jeweiligen Handelssegmenten zu den Marktführern zu gehören. Vor allem das Osteuropa-Geschäft boomt. »Deutliche Zuwächse haben wir aber auch auf den asiatischen Märkten erzielt«, unterstreicht Vorstandschef Körber. Sogar die Umsätze und Erträge in Deutschland sind zufriedenstellend.

3. Praxisbeispiel: Eine Modehandelskette expandiert und steigert den Umsatz um mehr als 10 Prozent

Die Situation:

Die Geschäftsidee von H & M klingt beim ersten Hinhören wenig originell. »Mode und Qualität zum besten Preis«, will das schwedische Unternehmen in seinen mittlerweile zirka 1 100 Filialen in mehr als 20 Ländern verkaufen. Mit ähnlichen Aussagen locken auch andere Boutiquenketten und bieten den Kunden letztlich häufig doch nur Durchschnittsware zu einem nicht gerade attraktiven Preis. Bei dem 1947 von Erling Persson gegründeten Konzern ist es jedoch anders. In den Geschäften werden tatsächlich trendige Mode und Klassiker zu überaus günstigen Preisen angeboten. Dies hat sich bei den Kunden längst rumgesprochen und schafft das Fundament für ein anhaltendes profitables Wachstum, in einer Branche, die seit Jahren über rückläufige Umsätze und bedrohlich steigende Insolvenzquoten klagt.

Die Erfolgsstrategie:

Um ständig brandaktuelle Mode anbieten zu können, entwickelt eine eigene Designabteilung die Kollektionen. Eine Produktion gibt es bei H & M nicht, statt dessen betreibt der Konzern rund um den Globus mehr als 20 Produktionsbüros – jeweils zehn in Europa und Asien sowie je eins in Afrika und Mittelamerika. Die zirka 700 Mitarbeiter dieser Büros werden zum überwiegenden Teil in der Region rekrutiert und halten den Kontakt zu den etwa 700 Lieferanten. Ihre Aufgabe ist es, den Auftrag beim richtigen Produzenten zu platzieren, die Qualität zu überwachen und darauf zu achten, dass für die Mitarbeiter der Auftragnehmer gute Arbeitsbedingungen vorhanden sind.

In welchem Land ein Produkt bestellt wird, hängt von mehreren Faktoren ab. Dazu gehören, neben dem Preis, Transportzeiten, Importregelungen und Qualitätsanforderungen. Dieser Entscheidungsprozess führt dazu, dass H & M etwa 50 Prozent der Waren in Europa und den Rest vor allem in Asien ordert. Die Lieferzeiten liegen derzeit zwischen zwei Wochen und sechs Monaten. In den letzten drei Jahren gelang es diese Zeiträume um 15 bis 20 Prozent zu reduzieren und damit die Flexibilität weiter zu erhöhen. Die genaue Planung sowie der optimale Ordertermin sind die wesentlichen Gründe für diese Verbesserung. Dabei muss eine kurze Lieferzeit nicht immer besonders vorteilhaft sein. So werden Artikel, die in großen Mengen geordert werden, zum Beispiel Basic-Modelle und Kinderkleidung, mehrere Monate vor dem gewünschten Liefertermin in Auftrag gegeben. Trendige Modelle müssen hingegen kurzfristig in die Geschäfte gelangen, um deren zeitlich begrenzte Aktualität nutzen zu können.

Die enge Kooperation zwischen den Produktionsbüros und den

Lieferanten macht es möglich, frühzeitig die notwendigen Materialien zu bestellen. Die Herstellung von Prototypen sowie deren Tests erfolgen ebenfalls in den internationalen Produktionsbüros – eine weitere Voraussetzung für immer kürzere Lieferzeiten. Ein kontinuierlicher Verbesserungsprozess zielt darauf, den Zeitraum von der Bestellung bis zur Auslieferung noch weiter zu verringern. »Denn«, so H & M, »je später eine Order platziert werden kann, desto geringer ist das Risiko für Fehlkäufe und desto größer ist in der Filiale die Flexibilität beim Auffüllen mit erfolgreichen Produkten während der Saison.«

Ein ausgefeiltes Distributionssystem macht es möglich, die Waren vom ausländischen Lieferanten termingerecht in die jeweilige Filiale irgendwo auf der Welt zu transportieren. Alle Glieder der eng geknüpften Logistikkette werden von H & M gesteuert. Das Unternehmen kann also sämtliche Aktivitäten zu jeder Zeit kontrollieren und übernimmt die Funktionen von Importeur, Großhändler und Einzelhändler. Die konsequente Verbesserung der IT trägt zusätzlich dazu bei, die Lieferzeiten zu reduzieren und die Versorgung der Filialkette weiter zu optimieren.

Der Erfolg dieser vorbildlichen Beschaffungsstrategie führt bei dem schwedischen Konzern zu einem anhaltenden Gewinnanstieg. Der Wegfall der Handelsquoten für asiatische Textilien Anfang 2005 ließ die Ertragsquellen besonders üppig sprudeln. Sollten diese Lockerungen und die damit verbundenen geringeren Einkaufspreise auch in Zukunft erhalten bleiben, erwartet H & M in Zukunft noch deutlichere Ertragssprünge. Die weitere Expansion ist ohnehin längst beschlossene Sache. Die Marke entwickelt sich mehr und mehr zu einem Kultprodukt.

4. Praxisbeispiel: Ein Spanier macht Global Sourcing zum Erfolgsbaustein von Deutschlands größtem Automobilbauer

Die Situation:
Als Dr. José Ignacio López de Arriortúa 1993 die Leitung des Einkaufs von VW übernahm, ging ein entsetztes Aufstöhnen durch die Reihen der Zulieferer des Wolfsburger Konzerns. Schon wäh-

rend seiner Zeit als Beschaffungschef von General Motors Europe hatte sich der Spanier nämlich zum Angstgegner der Lieferanten entwickelt. Er beließ es nicht dabei, seinen Auftragnehmern mit knallharten Worten klar zu machen, dass sie bei ihren Kalkulationen noch längst nicht alle Einsparpotenziale berücksichtigt hätten. López leistete Überzeugungsarbeit einer bisher völlig unbekannten Art: Bei Rundgängen durch die Produktionsanlagen seiner Lieferanten im In- und Ausland entdeckte er meist in kürzester Zeit eine Fülle von Verbesserungsmöglichkeiten. Einige Mängel behob »Inaki«, wie ihn seine Fans nennen, gleich selbst, zog dazu sein Sakko aus und verlieh einigen Arbeitsplätzen mit ein paar Handgriffen neue Effizienz.

Die Erfolgsstrategie:

Global Sourcing gehörte schon vor dem Eintritt von López in den VW-Konzern zum Handwerkszeug des Einkaufs. »Inaki« genügten die damit verbundenen Aktivitäten jedoch längst nicht. Er machte sich mit seinem Team daran, die weltweite Beschaffung zu strukturieren und ihr damit eine wesentlich größere Effizienz zu verleihen.

Zwei Prozessabteilungen wurden damals gegründet – eine für den Bereich Global Sourcing, eine weitere für das Advanced Sourcing, bei VW Forward Sourcing genannt. Unter diesem letztgenannten Begriff versteht man das Finden und die Kooperation mit Lieferanten, die bereits in die Entwicklung eines neuen Fahrzeugmodells einbezogen werden. Sie liefern das jeweilige Teil anschließend während des gesamten Produktlebenszyklus zu einem vom Kunden vorgegebenen Preis. Mit der Einführung des Forward Sourcing setzte López einen Meilenstein in der Automobilindustrie. Milliardenbeträge wurden in der Branche eingespart.

Erklärtes Ziel der Global- und Forward-Sourcing-Aktivitäten war die Optimierung des Kundennutzens durch ein globales Beschaffungsmarketing. Deshalb entstand das Corporate Sourcing Comittee, eine weltweit aufgestellte Organisation mit der Zentrale am Unternehmensstammsitz in Wolfsburg. So genannte Local Purchasing Teams an den internationalen Fertigungsstandorten des gesamten VW-Konzerns sowie in wichtigen Städten wie Tokio, Sydney, Brüssel, Shanghai, Moskau oder Mexiko hatten die Aufgabe, bei jedem

Auftrag ab einem Volumen von damals 250 000 DM in ihrer Region nach möglichen Lieferanten zu fahnden. Entscheidender Vorteil für VW und die anderen Marken des Unternehmens: Sämtliche möglichen Zulieferer rund um den Globus wurden berücksichtigt. Die Gefahr, dass »gute Freunde« eines Einkäufers ohne Ausschreibung einen Auftrag erhielten, war gebannt.

Einmal pro Woche trat das Corporate Sourcing Comittee zusammen. An diesen Treffen nahmen nicht nur die Markeneinkaufsleiter sowie Vertreter der Local Purchasing Teams teil. Die Bereiche Entwicklung, Logistik und Finanzierung gehörten ebenfalls zu der Diskussionsrunde. Nicht zuletzt ließ es sich aber auch Einkaufschef López nicht nehmen, aus erster Hand zu erfahren, wie erfolgreich seine Mannschaft arbeitete. Diesem hochkarätig besetzten Team musste der verantwortliche Einkäufer zu jedem Auftrag drei Charts vorlegen. Die erste Übersicht, die »Local Bidding List«, zeigte die Zahl der vorliegenden Angebote. Völlig klar, dass jeder, der nur wenig Resonanz auf seine Anfrage erzielt hatte, mit der Kritik seines Vorgesetzten rechnen musste.

Chart zwei nannte sich »Comparison Sheet«. Hier wurden alle interessanten Angebote vergleichbar gemacht – inklusive einer Langzeitbetrachtung sowie der zusätzlich angebotenen Einsparmöglichkeiten. Die dritte Übersicht, das »Recommendation Sheet« zeigte Sparpotenziale der einzelnen Offerten über den gesamten Lebenszyklus des Produkts. Nach Durchsicht der drei Auswertungen begann der abschließende Entscheidungsprozess. »Dabei gab es ziemlich heiße Diskussionen unter den Beteiligten aus den unterschiedlichen Abteilungen«, erinnert sich Gisbert Langheim. Er war damals Einkaufschef der VW-Tochter Skoda und gehört heute zu den Beratern von Kerkhoff Consulting. Mehr als 15 Milliarden DM sparte der Volkswagen-Konzern mit der Kombination aus Global und Forward Sourcing allein in drei Jahren ein.

Galt es, Teile für Modelle zu beschaffen oder neu zu verhandeln, die bereits produziert wurden, half das López-Team den Lieferanten auf deren Wunsch dabei, ihre Produktionsprozesse effizienter zu gestalten. Davon profitierten die Zulieferer und VW gleichermaßen: Man teilte sich die eingesparten Beträge. Damit führte Global und Forward Sourcing à la López für alle Zulieferer, die bereit waren, sich von den Mitarbeitern des Spaniers oder ihm selber helfen zu lassen, zu einer massiven Ertragsverbesserung. Die Zahl der Bestandslieferanten blieb deshalb auch nach dem Eintritt von »Inaki« und dessen klarer Marschrichtung »weltweites Beschaffen« weitgehend unverändert. Gisbert Langheim: »Es ging uns in erster Linie darum, den vorhandenen Zulieferern einen Spiegel vorzuhalten und ihnen klar zu machen, was der internationale Wettbewerb leisten kann.«

Auch wenn der Name López heute bei VW nicht mehr so gerne gehört wird: Global und Forward Sourcing gehören nach wie vor zu den Erfolgsbausteinen der Wolfsburger Autobauer und ihrer Tochtergesellschaften.

Welche Rahmenbedingungen benötigt effizientes Global Sourcing?

Wer die weltweite Beschaffung zum Renditetreiber in seinem Unternehmen machen will, darf sich nicht darauf beschränken, nur die Einkaufsabteilung auf die neue Art des Sourcens auszurichten. Anhaltend erfolgreiches Global Sourcing ist nur machbar, wenn eine Reihe von traditionellen Prozessen angepasst wird und eine neue »Denke« Einzug hält. Viele Unternehmen haben nämlich längst noch nicht erkannt, dass ein moderner strategischer Einkauf nationale und internationale Lieferanten einbezieht und mehr als das schlichte Bestellen von Waren zu möglichst guten Preisen bedeutet. Die Implementierung und Überwachung einer ertragsorientierten globalen Beschaffung wird damit zur Chefsache. Für Dr. Thomas Ludwig, Vorsitzender des Vorstandes der Klöckner & Co. AG, eine entscheidende Voraussetzung. »Denn«, so der Klöckner-Lenker, »wer von Global Sourcing profitieren will, muss das Thema zur Chefsache machen und darf die Verantwortung für Implementierung und Durchführung nicht allein auf den Einkaufsleiter verlagern. Hier geht es schließlich um einen strategischen Prozess der entscheidend zum Gesamterfolg des Unternehmens beiträgt.«

Fast alle Abläufe im Unternehmen sind von der Neuausrichtung auf internationale Beschaffungsmärkte betroffen. So gilt es zum Beispiel, vorhandene Logistikkonzepte gründlich zu überarbeiten und auf die neuen Anforderungen durch das entstehende globale

Lieferantennetz vorzubereiten. Längere Lieferzeiten führen zu veränderten Bestellintervallen und -volumina. Die bisherige Qualitätskontrolle, die in den meisten Fällen beim Wareneingang mit wenig Aufwand durchgeführt werden konnte, reicht nicht mehr aus. Die Mitarbeiter in den Bereichen Forschung und Entwicklung müssen sich mit Lieferanten auseinander setzen, die möglicherweise mit anderen Produktionsverfahren arbeiten. Die Unternehmensjuristen brauchen Zusatzwissen, um internationales Vertragsrecht zu beherrschen. Sprachkenntnisse werden noch wichtiger, als sie es ohnehin schon sind. Neue Kommunikationstechniken lösen das Telefon als Hauptverbindung zwischen Einkauf und Lieferanten ab. Die notwendigen Veränderungen erfordern zunächst natürlich einen gewissen zeitlichen und finanziellen Aufwand. Die realisierbaren Einsparpotenziale wiegen diesen Einsatz jedoch mittelfristig, meist sogar schon nach wenigen Monaten, wieder auf.

Kapitel 3
Global Sourcing – Die attraktivsten Regionen für den weltweiten Einkauf

80 Prozent der Unternehmen begründen ihre Entscheidung für Global Sourcing mit dem Wunsch, ihre Lohn- und Lohnnebenkosten nachhaltig reduzieren zu wollen. Damit wäre es nahe liegend, sich das Land mit dem geringsten Lohnniveau herauszusuchen. Es ist jedoch zu kurz gedacht, allein die Lohnkosten als Entscheidungskriterium für die Beschaffung oder die Produktion in einem fremden Land heranzuziehen. Zielführend ist es, nach der optimalen Kombination von notwendigem Aufwand, weitgehend kalkulierbaren Risiken, zusätzlich erzielbaren Leistungen und letztlich den günstigen Arbeitskosten zu suchen. Welches Land oder welche Region genau diese Anforderungen erfüllt, hängt natürlich auch von der strategischen Ausrichtung des Unternehmens ab. Dazu kann zum Beispiel die Absicht gehören, das Beschaffungsland später einmal als neues Absatzgebiet zu erschließen. Und dann geht man sicherlich nicht unbedingt in ein Land, das auf absehbare Zeit kein wirtschaftliches Wachstum erzielen wird.

Vor allem Schwellenländer, also Nationen, die einen relativ erfolgreichen Prozess industrieller Entwicklung durchleben, zählen damit zu den interessanten Sourcing-Regionen. Dieser Meinung ist auch Michael Berghorn. Für den Geschäftsführer der Stute Nahrungsmittelwerke GmbH & Co. KG steht nämlich fest: »Das kontinuierliche Wirtschaftswachstum in den Schwellenländern geht mit der Entwicklung leistungsstarker Lieferanten einher. Aufgabe muss es sein, diese zu identifizieren und mittelfristig in die eigene Wertschöpfungskette zu integrieren.« Nachdem aus diesen Ländern in der Regel irgendwann Industriestaaten entstehen, deren Rahmenbedingungen in etwa der wenig komfortablen Situation in Deutschland gleichkommen, gilt es, einmal gewählte Beschaffungsmärkte immer wieder auf den Prüfstand zu stellen und die Einkaufsreviere notfalls zu verlagern. Im Rahmen von Beschaffungs-

Zukunftschance Global Sourcing. Gerd Kerkhoff
Copyright © 2005 WILEY-VCH Verlag GmbH & Co. KGaA, Weinheim
ISBN: 3-527-50196-7

aufträgen für große und mittelständische Unternehmen analysieren Beratungsgesellschaften konsequent alle internationalen Wirtschaftsräume und suchen dort nach attraktiven Ertragspotenzialen. Das Ergebnis dieser Checks ist eindeutig: China, Indien sowie die Staaten Osteuropas inklusive der Türkei sind derzeit für Global Sourcing prädestiniert. Das mag sich in ein paar Jahren wiederum verändern. Heute lassen sich in den genannten Regionen aber die attraktivsten Einsparpotenziale erzielen. Es ist durchaus möglich, dass beispielsweise auch Brasilien in absehbarer Zeit zu einem interessanten Beschaffungsland wird, nachdem sich die Wirtschaft und die politische Lage dort weiter stabilisieren.

Die wichtigsten Entscheidungskriterien bei der Länderauswahl

Die Entscheidung für oder gegen einen Beschaffungsmarkt ist ein mehrstufiger Prozess (siehe Abbildung: Länder-Bewertungs-Matrix).

Er beginnt mit der Identifizierung von Ländern, die in der Lage sind, die notwendigen Beschaffungsvoraussetzungen, die zur Deckung des spezifischen Bedarfs vorhanden sein müssen, bestmöglich zu erfüllen. Dazu gehört möglicherweise die regionale Nähe. Wer auf kurze Lieferzeiten angewiesen ist, kann nur mit größerem organisatorischen und finanziellen Aufwand in China oder in an-

Abb. 4 Länder-Bewertungs-Portfolio
Quelle: Kerkhoff Consulting

deren asiatischen Ländern sourcen. Auch der schnelle Besuch des Zulieferers, um »mal eben« ein bestehendes Problem aus der Welt zu schaffen, entfällt. Und nicht zu vergessen, je weiter eine Beschaffungsregion vom Headquater des Unternehmens entfernt liegt, desto unterschiedlicher sind auch die Mentalitäten und Geschäftsgebaren der Partner. Mit der geografischen Entfernung stehen häufig das Ausbildungsniveau und die Qualifikation der Arbeitnehmer in Zusammenhang. Die bereits genannten Schwellenländer bilden jedoch, zumindest in ihren Industriezentren, eine Ausnahme. So stehen beispielsweise indische Ingenieure ihren deutschen Kollegen beim Fachwissen in keiner Weise mehr nach. Privat geführte Produktionsbetriebe in China erfüllen mit ihren Facharbeitern mittlerweile zumindest durchschnittliche westeuropäische Qualitätsansprüche und verfügen immer häufiger über Exporterfahrungen. Ganz zu schweigen von der hohen Qualifikation und dem enormen Engagement der Arbeitnehmer und Firmenchefs in den osteuropäischen EU-Beitrittsländern sowie der Türkei.

Das Lohnkostenniveau wird natürlich ebenfalls zum Kriterium, allerdings, wie schon gesagt, nicht zum einzig entscheidenden. Ausnahme: Die Herstellung des Produktes, das im Ausland beschafft werden soll, erfordert einen überaus lohnintensiven Fertigungsprozess. Einher mit dem Lohnkostenniveau geht die nationale Steuerquote oder das Subventionsverhalten als Kostenfaktoren.

Ein Land, das im ersten Teil des Auswahlverfahrens ein gutes Ergebnis erzielt, durchläuft auch die Stufe zwei. Hier geht es im Wesentlichen darum, die aktuelle und zukünftige politische sowie wirtschaftliche Situation der möglichen Beschaffungsmärkte zu ergründen. Dazu steht eine Reihe von aussagefähigen Tools zur Verfügung. So kann man beispielsweise herausfinden, wie es um den wirtschaftlichen Freiheitsgrad des jeweiligen Landes, die Bonität und sein voraussichtliches Wirtschaftswachstum bestellt ist. Es ist aber auch zu empfehlen, den Faktor Korruption in das Auswahlverfahren einzubeziehen. Dieses leidige Thema spielt nach wie vor eine gewaltige Rolle, in wirtschaftlich hoch entwickelten Staaten genauso wie in Schwellen- und Entwicklungsländern.

Wechselkursschwankungen können ebenfalls zum wirtschaftlichen Erfolg oder Misserfolg von Global Sourcing in einem bisher unbekannten Markt beitragen. Dabei ist zu beachten, dass Beschaffungsaufträge in Osteuropa normalerweise in Euro abgerechnet werden. Asiatische Länder bevorzugen hingegen häufig den US-Dollar. Bedingt durch den schwankenden Kurs der amerikanischen Währung entstehen damit für europäische Kunden zusätzliche Risiken. Dieses Problem gibt es genauso, wenn sich der Wechselkurs eines anderen Beschaffungslandes erhöht und damit die Kosten für den Besteller in die Höhe treibt. Moderne Kurssicherungssysteme helfen, diese Risiken zu reduzieren.

Bevor sich der Unternehmer endgültig für einen Beschaffungsmarkt entscheidet, sollte er den demokratischen Freiheitsgrad in den zur Auswahl stehenden Regionen analysieren. Es gilt also herauszufinden, ob es zum Beispiel uneingeschränkte Bürgerrechte gibt und ein soziales Sicherungssystem für die Arbeitnehmer existiert. Sollte dies nicht der Fall sein, drohen Konflikte, die sich negativ auf Ihre Versorgungssicherheit auswirken können. Die notwendigen Informationen gibt es beispielsweise unter www.auswaertiges-amt.de/www/de/laenderinfos.

Die aussagefähigsten Tools für die Länderbewertung

Ein gewisses Risiko ist bei der Entscheidung für eine bestimmte Beschaffungsregion leider nicht auszuschließen. Es gibt jedoch eine Reihe von anerkannten Bewertungen, die den Vergleich möglicher Länder auf ein breites Fundament stellt, eine Vielzahl von Faktoren beleuchtet und damit die Gefahr einer Fehlentscheidung deutlich einschränkt. Dazu gehören:

– *Business Competitiveness Index (BCI)*: Aus dem jährlich vom World Economic Forum aktualisierten BCI lässt sich ablesen, ob die Unternehmen des jeweiligen Landes in der Lage sind, mit ihrem Leistungsportfolio im internationalen Wettbewerbsumfeld zu bestehen. Dazu werden die Qualität des Managements und die mikroökonomischen Gegebenheiten bewertet. Das aktuelle Ranking finden Interessierte unter: www.weforum.org.

- *Growth Competitiveness Index (GCI):* Der Index wird ebenfalls im Jahresrhythmus vom World Economic Forum erhoben und spiegelt das Potenzial für das Wirtschaftswachstum eines Landes wider. Drei Faktoren gehen in den GCI ein: Die makroökonomischen Rahmenbedingungen, das Engagement des jeweiligen Staates bei der Wirtschaftsförderung und sein technologisches Potenzial. Das aktuelle Ranking finden Interessierte unter: www.weforum.org.

- *Index of Economic Freedom:* Der »wirtschaftliche Freiheitsgrad« basiert auf Faktoren, die maßgeblich zur Entwicklung der Wettbewerbsfähigkeit und des sozialen Wohlstands eines Landes beitragen. Zu den Faktoren, die jedes Jahr aktualisiert werden und in den Index einfließen, gehören unter anderem Rahmenbedingungen für ausländische Investoren, Geld- und Währungspolitik, Steuern und Zölle, Staatsquote und staatliche Eingriffe in die Wirtschaft. Je niedriger der Einfluss der Regierung ist, desto besser entwickelt sich der »wirtschaftliche Freiheitsgrad« und damit die Volkswirtschaft des Landes. Das aktuelle Ranking finden Interessierte unter: www.heritage. org/research/features.index.

- *Länderbonitätsrankings:* Weltweit tätige Ratingagenturen wie Standard & Poor's und Moody's bewerten in regelmäßigen Abständen die Wahrscheinlichkeit, dass ein Land seinen Zahlungsverpflichtungen nicht nachkommen kann oder will. In diese so genannten Sovereign Risks fließen politische und volkswirtschaftliche Trends ein. Dazu gehören beispielsweise politische Stabilität oder Instabilität, Veränderungen auf dem Arbeitsmarkt, Entwicklungen des Wirtschaftswachstums, der Staatsverschuldung und des Zinsniveaus. Bei einem Vergleich der Bewertungen durch die verschiedenen Agenturen fällt auf, dass deren Ergebnisse in einigen Fällen deutlich voneinander abweichen. Die aktuellen Rankings finden Sie unter: www.standardpoors.com und www.moodys.com.

- *Industrie-Arbeitskosten-Vergleiche:* Das Lohn- und Lohnnebenkostengefälle zwischen den einzelnen Ländern ist enorm. Regelmäßig aktualisierte Statistiken über die Situation in sämtlichen Beschaffungsmärkten gibt es leider nicht. Beim notwendigen Kostenvergleich sind Unternehmer deshalb im Wesent-

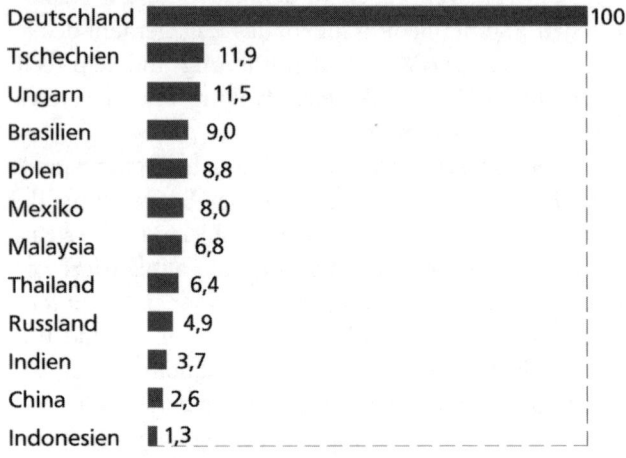

Industrie-Arbeitskosten pro Stunde inkl. Sozialabgaben
- Deutschland Index = 100 -

Deutschland	100
Tschechien	11,9
Ungarn	11,5
Brasilien	9,0
Polen	8,8
Mexiko	8,0
Malaysia	6,8
Thailand	6,4
Russland	4,9
Indien	3,7
China	2,6
Indonesien	1,3

Abb. 5 Industrie-Arbeitskosten im Ländervergleich
Quelle: Kerkhoff Consulting

lichen auf eigene Recherchen angewiesen, bei denen die jeweiligen Auslandshandelskammern jedoch mit aktuellen Informationen zur Seite stehen. Die Abbildung 5 gibt aber erste Anhaltspunkte darüber, welche Kostenvorteile durch Global Sourcing oder die Produktion im Ausland entstehen können, vorausgesetzt die bereits geschilderten Rahmenbedingungen stimmen.

– *Transparency International Corruption Persceptions Index (CPI)*: Transparency International ist die einzige weltweit tätige Nichtregierungsorganisation, die sich ausschließlich mit der Bekämpfung der Korruption bei der öffentlichen Auftragsvergabe beschäftigt. Wie massiv sich Korruption auch heute noch auf die Volkswirtschaft vieler Länder auswirkt, belegt der CPI für das Jahr 2004. Dazu wurde in 146 Ländern bei Betroffenen aus Wirtschaft, Handel und dem Investitionsgüterbereich recherchiert. Das höchstbedenkliche Ergebnis: 106 Nationen erreichten weniger als fünf von zehn möglichen Punkten. 60 Länder liegen sogar unter dem Wert von drei, was auf eine tief verwurzelte Korruption schließen lässt. Das aktuelle Ranking finden Interessierte unter: www.transparency.de

Die Entscheidung für einen Beschaffungsmarkt ist also immer in einem Gesamtzusammenhang zu sehen und hängt von den individuellen Anforderungen ab. Wer sich überhastet und ohne sorgfältige Analyse möglicher Einkaufsregionen für ein Land entscheidet, läuft Gefahr zu scheitern. Gewaltige Einsparpotenziale bleiben dann zumindest mittelfristig ungenutzt. Zusätzlich belasten die Aufwendungen für die erfolglosen Bemühungen, sich in dem neuen Markt zu etablieren, die ohnehin meist schon wenig attraktiven Gewinn- und Verlustrechnungen.

Der Beschaffungsmarkt China

Kaum ein Land der Welt hat in den letzten Jahren einen derartigen Wandel durchgemacht wie China. Als die Volksrepublik 1949 ausgerufen wurde, fragte sich das Ausland, wie es die chinesische Regierung schaffen wolle, seine Bevölkerung zu ernähren. Heute, mehr als 55 Jahre später, hat sich die Einwohnerzahl auf 1,3 Milliarden erhöht. Das bevölkerungsreichste Land der Erde ist zu einer der führenden Exportnationen geworden. Mobiltelefone und Computer gehören inzwischen zumindest in den Städten zur Standardausrüstung. Autos lösen verstärkt das Fahrrad als Transportmittel ab. Der gewaltige Aufstieg begann nach Maos Tod im Jahr 1976, seitdem wird die Zentralverwaltungswirtschaft schrittweise reformiert. Das klare Ziel heißt »Marktwirtschaft«. Mit der Verankerung des Schutzes von Privateigentum in der Verfassung erreichte der neue Reformkurs im März 2004 bislang seinen Höhepunkt. Der Beitritt Chinas zur Welthandelsorganisation (WTO) Ende 2001 galt bereits als deutliches Zeichen, sich der Welt zu öffnen und die Isolation aufgeben zu wollen. Trotz seiner dynamischen Entwicklung gehört das »Reich der Mitte« mit einem Pro-Kopf-Einkommen von knapp über 1 000 US-Dollar nach wie vor zu den ärmeren Schwellenländern.

Überzeugende Wirtschaftsdaten

Mit dem Erstarken der chinesischen Volkswirtschaft wächst die Bedeutung des Landes als Beschaffungsmarkt, Vertriebsmarkt und Produktionsstandort. Trotz einiger kontroverser Diskussionen über die Dauer des Booms steht für viele deutsche Wirtschaftslenker fest, dass ein Engagement in diesem hochexpansiven Markt zum Pflichtprogramm für ein zukunftsorientiertes Unternehmen gehört. So ist zum Beispiel der Siemens-Aufsichtsratschef Heinrich von Pierer überzeugt, das Risiko, in China nicht dabei zu sein, sei größer als das nach China zu gehen. Dementsprechend stiegen die Investitionen ausländischer Investoren von 41 Milliarden US-Dollar im Jahr 2000 auf 57 Milliarden US-Dollar im Jahr 2003. Das Land ist auf dem besten Weg zum internationalen Produktionsstandort Nummer eins zu werden.

Das kontinuierliche Wachstum spiegelt sich auch in der konstanten Aufwärtsentwicklung des Bruttoinlandsproduktes (BIP) wider. Hier liegt die jährliche Zuwachsrate seit 1978 bei durchschnittlich 8 Prozent. Im Vergleich dazu mussten sich die EU-Länder 2003 mit einem mageren Plus von 0,5 Prozent zufrieden geben. Gemessen am BIP gehört der »Rote Riese« inzwischen zu den zehn größten Wirtschaftsnationen der Welt. Hält das derzeitige Wachstumstempo an, wird das Land bis 2007 Frankreich und England überholen. Nach einer Studie der Economist Intelligence Unit muss Deutschland damit rechnen, bis spätestens 2017 durch China von Platz drei der weltgrößten Wirtschaftsnationen verdrängt zu werden. Legt man die Kaufparität zu Grunde, liegen die Chinesen bereits heute im internationalen Vergleich auf Platz zwei. Die Dynamik zeigt sich auch bei der Entwicklung der industriellen Wertschöpfung. Sie nahm in den Jahren 2003 und 2004 jeweils um rund 17 Prozent zu. Der Anteil der reinen Staatsunternehmen an den in der Industrie erwirtschafteten Gewinnen lag 2003 bei 46 Prozent. Der Anteil der privat geführten Betriebe wächst rasant. Allein zwischen 2001 und 2002 erhöhte sich die Zahl dieser Unternehmen um fast 36 Prozent.

Das beeindruckende Wirtschaftswachstum wird bislang fast ausschließlich in den östlichen, an der Küste gelegenen Teilen des Landes erzielt. Als wichtigste Wirtschaftszweige gelten Eisen und Stahl,

Kohle, Maschinenbau, Rüstungs-, Textilindustrie, Petroleum- und Zementgewinnung, chemische Düngemittel, Schuhe, Spielzeug- und Elektroindustrie sowie die Telekommunikation. Während sich ausländische Investoren bevorzugt in Regionen wie Guangdong, Jiangsu und Shanghai engagieren, können die Provinzen im Landesinneren bislang kaum von der wachsenden Attraktivität Chinas für Investoren profitieren. Die Regierung versucht jedoch, interessierte Unternehmen durch Steuererleichterungen in den zentralen Provinzen anzusiedeln.

Wer sich langfristig etablieren will, kommt allerdings häufig nicht umhin, mit chinesischen Unternehmen Joint Ventures einzugehen. Diese Kooperationen bringen aber nicht nur den Chinesen Vorteile: Die westlichen Investoren profitieren von den Marktkenntnissen und den bestehenden Kundenkontakten ihrer Partner. Zusätzlich verbessern sich durch die enge Zusammenarbeit das Knowhow und die Erfahrungen der chinesischen Beteiligten – mit entsprechend positiven Auswirkungen auf die nachhaltige Profitabilität des Joint Ventures.

Die Chancen, vom anhaltenden Boom in China zu profitieren, stehen also gut. Ein Engagement vor Ort erfordert jedoch Beharrlichkeit, unterstreicht Rainer Häupl, Senior Procurement Commercial Vehicles/Asian Alliances bei DaimlerChrysler. Sein Kommentar: »Wenn ich mich für China entscheide, dann muss ich mit allen Konsequenzen leben und lernen, damit erfolgreich umzugehen.«

Deutsch-chinesische Wirtschaftsbeziehungen verbessern sich ständig

China ist heute der wichtigste Wirtschaftspartner Deutschlands in Asien – noch vor Japan. Deutschland steht auf Platz eins der Liste chinesischer Handelspartner in Europa. Die rasante Entwicklung der deutsch-chinesischen Wirtschaftsbeziehungen lässt sich mit überzeugenden Zahlen belegen. Exportierten Unternehmen aus der Bundesrepublik 1972 Waren für knapp 270 Millionen Euro, waren es 2003 mit 18,2 Milliarden Euro fast siebzig Mal mehr. Die Importe aus China haben sich in dieser Periode mit ähnlichem Tempo entwickelt. Bestellten deutsche Firmen 1972 Produkte für 175 Millio-

nen Euro, stieg das Importvolumen 2003 auf 25 Milliarden Euro –
das rund 140fache. In Prozent ausgedrückt legte der deutsche Export nach China 2003 um fast 25 Prozent zu. Die Importe aus dem
Reich der Mitte erhöhten sich in diesem Zeitraum um 17 Prozent.
Der deutsch-chinesische Handel boomt also.

Inzwischen ist China, nach den USA, der zweitwichtigste deut-
sche Exportmarkt. Als »Exportschlager« erwiesen sich in jüngster
Zeit Maschinen und Anlagen, elektrotechnische Erzeugnisse sowie
Kraftfahrzeuge. Bei den Chinesen werden in erster Linie Textilien,
Bekleidung, aber auch Maschinen und Anlagen geordert.

Kein anderer europäischer Staat investiert so intensiv in der
Volksrepublik wie Deutschland. Bis Ende 2003 flossen rund 9,3 Milliarden US-Dollar deutscher Direktinvestitionen in das Land. Dazu
gehören die chemische Industrie, der Automobilbau sowie der Ma-
schinen- und Anlagenbau. Seitdem die Investitionsbedingungen
entschärft wurden, engagieren sich auch immer mehr deutsche Mittelständler in dem bevölkerungsreichsten Land der Welt. Damit die
Attraktivität weiter zunimmt, sollen die bestehenden Rahmenbedingungen für ausländische Investoren weiter verbessert werden.

Zur Unterstützung deutscher Unternehmen bei ihrem Einstieg
in den chinesischen Markt arbeiten in Peking, Shanghai und
Guangzhou Delegiertenbüros der Deutschen Wirtschaft (www.
ahk.de). Außerdem ist die Bundesagentur für Außenwirtschaft
(www.bfai.de) mit Korrespondenten in Peking und Shanghai vertreten. Das German Centre for Industry and Trade (www.german
centre.org.cn) in Peking unterstützt speziell mittelständische Unternehmen auf ihrem Weg nach China.

Chancen und Herausforderungen eines China-Engagements

Das Wirtschaftswachstum der vergangenen Jahre wird sich, so
die Prognosen, weiter fortsetzen, allerdings mit einer etwas geringeren Geschwindigkeit. Immer mehr chinesische Unternehmen berücksichtigen diese absehbare Entwicklung jedoch bei ihren Expan-
sionsstrategien und setzen verstärkt auf Auslandsmärkte. Damit
entstehen auch für ausländische Investoren attraktive Entwick-

lungschancen. In der Einstiegsphase müssen sich westliche Unternehmen jedoch in Geduld üben und reichlich Zeit investieren. Bis enge Partnerschaften entstehen, die als Fundament für gemeinsames profitables Wachstum genutzt werden können, vergehen, allein schon aufgrund der unterschiedlichen Mentalitäten und Handlungsweisen, schnell ein bis zwei Jahre.

Zusätzlich birgt der chinesische Markt trotz des anhaltenden, überdurchschnittlichen Wachstums einige Gefahren und Belastungen. So gehört beispielsweise Korruption zum Alltag, die Rohstoffkosten steigen drastisch und drohen auf Dauer, Ersparnisse aufgrund niedrigerer Lohnkosten zu kompensieren. In einigen Bereichen gibt es bereits Überkapazitäten. Die Vorliebe der Chinesen, erfolgreiche Produkte zu kopieren, ist natürlich auch nicht zu unterschätzen. Diesem Drang zum Kopieren lässt sich jedoch oft erfolgreich entgegenwirken. So vergeben viele Unternehmen beispielsweise ausschließlich die Produktion von Halbfertigerzeugnissen, die keine Rückschlüsse auf das Endprodukt zulassen, an chinesische Zulieferer.

Werkzeugbeschaffung in China – interessante Alternative nicht nur für die Automobilindustrie

Das außerordentliche chinesische Wirtschaftswachstum wirkt sich auch auf die Automobilindustrie des Landes aus. Bereits 2003 wurden mehr als 2 Millionen Fahrzeuge hergestellt. 2005 soll die Produktion auf zirka 3,2 Millionen Einheiten ansteigen. In Zukunft wird die Branche aufgrund der zunehmenden Kaufkraft weiter wachsen, muss aber mit härteren Wettbewerbsbedingungen rechnen. Diese Aufwärtsentwicklung hat in der Vergangenheit viele internationale Automobilhersteller dazu veranlasst, im Reich der Mitte eigene Fertigungsstätten aufzubauen. Dazu gehören beispielsweise VW, BMW, Ford, General Motors, Fiat, Peugeot oder Citroën. Wie in der Branche üblich, wurden die Zulieferer aufgefordert oder boten an, sich ebenfalls in der Nachbarschaft ihrer Kunden anzusiedeln. So sind heute nicht nur die Mega-Lieferanten wie Delphi oder Bosch in China mit eigenen Fertigungsstätten vertreten. Auch größere Mittelständler, unter anderem der Klimaanlagen-

und Kühlerspezialist Behr, haben in den Zentren der Automobilindustrie neue Betriebe gebaut. Weitere Zulieferer werden folgen.

Bislang sourcten die Lieferanten ihr Material zu einem guten Teil – bis auf das Volumen, das aufgrund der Local-Content-Vorschriften in China zu beschaffen ist – in Deutschland und mussten deshalb hohe Transportkosten tragen. Der massiv steigende Kostendruck, den die Hersteller auf die Zulieferer ausüben, zwingt jedoch zur Umorientierung, da hierzulande kaum noch Einsparpotenziale zu generieren sind. Selbst in China verschärft sich der Wettbewerb aufgrund der wachsenden Überkapazitäten und zwingt die Produzenten zu deutlichen Preisnachlässen, die durch Zugeständnisse der Teilelieferanten wenigstens teilweise kompensiert werden sollen. Volkswagen, einst internationaler Pionier auf dem chinesischen Automobilmarkt, muss 2005 nach vielen Gewinnjahren im China-Geschäft mit einem Verlust von möglicherweise mehr als 400 Millionen Euro rechnen. Weitere Forderungen an die Zulieferer sind deshalb wahrscheinlich. Für die Branche wird es deshalb zum »Muss«, eine eigene Produktion vor Ort aufzubauen oder zumindest zuverlässige und preiswürdige Lieferanten zu akquirieren.

Die Kerkhoff-Studie »Werkzeugbeschaffung in China – Chancen für die Automobilindustrie« hat sich deshalb das Ziel gesetzt, zu ermitteln, ob die Verlagerung des Werkzeugbaus an chinesische Fachbetriebe bereits heute wirtschaftlich effizient ist und die Qualität der Produkte den hohen internationalen Anforderungen der Automobilhersteller entspricht. Die Erkenntnisse der Untersuchung lassen sich sowohl für den Aufbau eigener Beschaffungsaktivitäten in China als auch für Wettbewerbsanalysen nutzen. Sie gelten nicht nur für den Bereich Automobilindustrie, sondern sind auf alle anderen Industrien übertragbar.

Die Studie wurde Anfang 2005 in Kooperation mit dem Forum China und der Deutschen Außenhandelskammer Shanghai durchgeführt. Die Ergebnisse basieren auf Untersuchungen, Umfragen und Interviews mit zirka 30 Unternehmen der internationalen Automobilindustrie sowie mehr als 400 Werkzeugherstellern. Chinesen haben die Gespräche geführt. Die Möglichkeit, die Interviews in der Landessprache zu führen, trug dazu bei, zusätzliche Eindrücke und Erkenntnisse in die Auswertung einfließen zu lassen. Die wichtigsten Ergebnisse der Untersuchung lassen sich wie folgt zusammenfassen:

- Der chinesische Werkzeugmarkt wächst rasant. In den vergangenen zehn Jahren hat sich der Umsatz von rund 1,34 Milliarden US-Dollar auf zirka 5,49 Milliarden US-Dollar erhöht. Die durchschnittliche jährliche Wachstumsrate zwischen 1993 und 2003 betrug 15,2 Prozent. Experten gehen davon aus, dass sich die Entwicklung weiter fortsetzt.
- Die Akzeptanz chinesischer Werkzeuge im Ausland nimmt zu. Der Vergleich der Import- und Exportvolumina unterstreicht das wachsende Renommee chinesischer Werkzeuge bei ausländischen Unternehmen. Wurden im Jahr 1994 Werkzeuge im Wert von zirka 39 Millionen US-Dollar ausgeführt, lag das Exportvolumen 2003 mit 336 Millionen Euro bereits bei nahezu dem Zehnfachen. Die Werkzeugimporte verdoppelten sich dagegen lediglich und stiegen von 675 Millionen Euro auf rund 1,4 Milliarden Euro.
- Die Zahl der Anbieter erhöht sich deutlich. Zwischen 1987 und 2003 ist die Zahl der Werkzeugbauunternehmen in China von 6 000 auf 20 000 gestiegen. Gleichzeitig nahm die Zahl der Arbeitnehmer in der Branche von 300 000 auf 500 000 zu. Die meisten der in den letzten Jahren gegründeten Firmen sind Privatunternehmen. Ein wesentlicher Vorteil für potenzielle Kunden. Denn diese Betriebe überzeugen in der Regel durch ihre geringere Mitarbeiterzahl mit größerer Flexibilität und der höheren Bereitschaft, sich westlichen Normen und Anforderungen anzupassen – im Gegensatz zu staatlich geführten Werkzeugbaufirmen.
- Spritzgusswerkzeuge dominieren. Die befragten Werkzeugbauer stellen zu über 50 Prozent Spritzgusswerkzeuge her. Diese Fokussierung begründet sich in der langjährigen Erfahrung der chinesischen Industrie in den Bereichen Haushalts- und elektronische Gebrauchsgüter. In diesen Segmenten werden vor allem Werkzeuge für Spritzguss benötigt. Auf Platz zwei und drei folgen Guss- (21,5 Prozent) und Stanzwerkzeuge (19,8 Prozent). Wichtig zu wissen: Die meisten Hersteller konzentrieren sich auf eine Werkzeuggruppe. Einige größere Werkzeugbauer, vor allem staatliche Unternehmen, bieten zwar ein größeres Spektrum an, können jedoch oft mit der Qualität der privaten Wettbewerber nicht konkurrieren.

- Das Leistungsspektrum für die Automobilindustrie wird erweitert. Aufgrund ihres umfangreichen Know-hows fertigen die chinesischen Werkzeugbauer derzeit für Automobilhersteller vor allem Spritzgusswerkzeuge. Die meisten Unternehmen arbeiten jedoch mit Hochdruck daran, den Bereich Stanzwerkzeuge auszubauen.
- Es besteht ein immenses Interesse an internationalen Märkten. Für viele Privatunternehmen gehört der Export immer häufiger bereits zum Tagesgeschäft. Sie liefern teilweise bis zu 75 Prozent ihrer Gesamtproduktion ins Ausland und werden damit zu interessanten Partnern für Global Sourcing in China. Staatliche Betriebe produzieren hingegen im Wesentlichen für den heimischen Markt.
- 40 Prozent der befragten Werkzeugbauer exportieren erst zwischen einem und drei Jahren. Ein Viertel der Unternehmen gehört sogar noch zu den Newcomern und ist erst seit weniger als einem Jahr im Auslandsgeschäft tätig. So wurden zwar in den meisten Fällen erste Erfahrungen gesammelt, der Aufbau von Geschäftsbeziehungen erfordert aber dennoch ein hohes Maß an Sorgfalt und Ausdauer.
- Es existiert eine hohe Bereitschaft, Qualitätsstandards zu erhöhen. 90 Prozent der befragten Werkzeugbauer sind von der Wichtigkeit des Exports für ihren Geschäftserfolg überzeugt. Viele zeigen deshalb die Bereitschaft, sich noch stärker als bisher auf die Anforderungen ausländischer Kunden einzustellen. Die Zahl derer, die das Auslandsgeschäft für »nicht wichtig« halten, ist mit 4 Prozent verschwindend gering.
- Die Weichen sind auf Wachstum gestellt. Der Wille, das Geschäft weiter auszubauen, ist bei den chinesischen Werkzeugbauern ungebrochen. Fast alle Unternehmen planen, sich in den nächsten Jahren zu vergrößern und neue Märkte zu erschließen. Damit wird sich der Wettbewerb in der Branche weiter erhöhen – zum Vorteil der Kunden.

Die Ergebnisse der Studie »Werkzeugbeschaffung in China – Chance für die Automobilindustrie« sowie unsere Erfahrungen mit dem chinesischen Werkzeugbau führen zu folgendem Resümee:

- Werkzeuge im so genannten Low-End- (geringe Komplexität) und teilweise auch im Mid-End-Bereich (mittlere Komplexität) lassen sich heute schon ohne Qualitätsverlust in China beschaffen. Der High-End-Bereich (hohe Komplexität) wird von den führenden Werkzeugbauern des Landes weiter aufgebaut,
- auf dem Werkzeugmarkt der Volksrepublik können Einsparungen von bis zu 60 Prozent und mehr erzielt werden,
- die Branche ist zwar bereit, sich auf neue Kunden einzustellen. Trotzdem müssen Auftraggeber immer mit Gefahren und Rückschlägen rechnen und
- Differenzen beruhen in den meisten Fällen auf Kommunikationsschwierigkeiten und Qualitätsproblemen.

Übrigens: Einige Automobilhersteller haben die Qualität und Preiswürdigkeit der chinesischen Werkzeugbauer bereits erkannt. Sie kaufen bis zu 80 Prozent ihres Bedarfs in China ein.
Wichtige Adressen für China-Interessierte:
- Bundesagentur für Außenhandelsinformationen, www.bfai.com
- Deutsche Handelskammer in China, www.ahk.de
- German Centre for Industry and Trade, www.germancentre.org.cn.

Der Beschaffungsmarkt Indien

Indien befindet sich seit dem 1991 begonnenen Reformkurs auf dem Weg in die soziale Marktwirtschaft. Verbesserungen der Infrastruktur sowie Investitionen in den Gesundheits- und Bildungsbereich sollen dazu beitragen, diese Neuausrichtung weiter zu fördern. Die eingeleiteten Privatisierungsinitiativen werden hingegen derzeit wieder leicht zurückgeschraubt.
Die dynamische Entwicklung des Bruttoinlandsproduktes (BIP) unterstreicht die zunehmende wirtschaftliche Stärke des Landes und seiner rund 1,1 Milliarden Einwohner. Wirtschaftssegmente wie Industrie- und Dienstleistungen haben besonders stark zugelegt. Schon heute trägt der industrielle Bereich fast 25 Prozent zum

BIP bei, der Dienstleistungssektor sogar mehr als 50 Prozent. Dieser Trend wird sich nach einer Prognose der Asiatischen Entwicklungsbank in den nächsten Jahren fortsetzen. Obwohl Indien inzwischen zu den innovativsten und leistungsstärksten Nationen in der Informationstechnologie sowie in Pharmazie und Biotechnologie zählt, gehört das Land nach wie vor zu der Gruppe der Entwicklungsländer. Auch die führende Rolle im Bereich BPO wird in Zukunft weiter gestärkt. Denn nicht nur Banken, Versicherungen, sondern immer häufiger auch Industrieunternehmen, lagern automatisierbare Geschäftsprozesse wie Buchhaltung, Schadensbearbeitung oder sogar Controlling-Arbeiten nach Indien aus. Eine Reihe von deutschen Ingenieurbüros lässt bereits seit längerem arbeitsaufwändige Konstruktionszeichnungen von indischen Spezialisten ausführen.

Rund ein Viertel der Bevölkerung lebt trotz des anhaltenden Aufschwungs nach wie vor unterhalb der Armutsgrenze und muss mit weniger als einem US-Dollar pro Tag auskommen. 80 Prozent der Einwohner haben täglich weniger als zwei US-Dollar zur Verfügung. Trotzdem nimmt die Qualifikation der Inder deutlich zu. Jedes Jahr verlassen zirka 250 000 gut ausgebildete Ingenieure die Hochschulen und tragen damit unter anderem auch zur Erhöhung der Innovationskraft und Leistungsfähigkeit in Bereichen wie Anlagenbau oder Automobilindustrie bei. Gleichzeitig steigt die Zahl indischer Studenten an den internationalen Elite-Universitäten mit rasantem Tempo und sorgt für zusätzliches Know-how.

Dynamische Entwicklung des internationalen Handels

Die EU ist heute der bedeutendste Handelspartner des Landes. Zirka zwei Drittel aller indischen Exporte gehen in diese Region. Die Lockerung der Investitionsgrenzen soll dazu beitragen, weitere Unternehmen aus dem Ausland zum offensiven Einstieg in den indischen Markt zu motivieren. Bislang herrscht bei Investoren aufgrund der in vielen Bereichen noch mangelhaften Infrastruktur, der oft lähmenden Bürokratie und der Korruption Zurückhaltung. Gleichwohl wurden in den vergangenen Jahren zahlreiche Joint

Ventures gegründet. Die Erfahrungen ausländischer Unternehmen sind überwiegend positiv. Sie erreichen zum Teil ein jährliches Umsatz- und Ertragswachstum von über 20 Prozent.

Enge wirtschaftliche Beziehungen zu Deutschland

Seit 1991, dem ersten Jahr der Reformen, befindet sich das bilaterale Handelsvolumen in einem stetigen Aufwärtstrend. Ende 2003 erreichte es mit mehr als 5 Milliarden Euro einen bislang unerreichten Wert. Dabei lagen die deutschen Exporte nach Indien bei rund 2,4 Milliarden Euro. Indien lieferte Waren für etwa 2,6 Milliarden Euro nach Deutschland. Damit liegt die Bundesrepublik auf Rang fünf der wichtigsten indischen Exportländer. Ein Ende 1996 getroffenes Doppelbesteuerungsabkommen sowie ein im Juli 1998 unterzeichnetes Investitionsschutzabkommen erleichtern die grenzüberschreitenden wirtschaftlichen Aktivitäten zwischen den beiden Ländern. Die Direktinvestitionen deutscher Unternehmen bewegen sich nach offiziellen indischen Angaben allerdings noch auf einem verhältnismäßig niedrigen Niveau und erreichten danach 2003 knapp 40 Millionen Euro. Es ist jedoch davon auszugehen, dass die indischen Erhebungen wichtige Investitionen nicht mit einbeziehen.

Indien – die internationale Nummer eins im Bereich Business-Process-Outsourcing (BPO)

Die hohe Qualifikation und die führende Stellung in den Segmenten Informationstechnologie und Kommunikationstechnik macht Indien zu einem Vorreiter in dem boomenden Bereich BPO. Hierzulande wird das Thema jedoch in der Öffentlichkeit mit wachsendem Argwohn betrachtet, steht das Kürzel BPO für die Auslagerung von Geschäftsprozessen mit hohem IT-Anteil. Und der Begriff »Auslagern« ist in den meisten Fällen gleichbedeutend mit dem Abbau von Arbeitsplätzen.

Trotzdem wird es immer häufiger üblich, dass beispielsweise indische BPO-Anbieter von deutschen Unternehmen beauftragt werden, Lohn- und Gehaltsabrechnungen sowie standardisierte Prozesse im Finanzwesen und Rechnungsbereich oder in der Personalverwaltung zu übernehmen und über tausende von Kilometern hinweg kompetent zu erledigen. BPO beschränkt sich also nicht ausschließlich auf den Bereich Call-Center, wie es oftmals in Europa vermutet wird.

Immer mehr internationale Banken und Versicherungen entdecken die Dienstleistung, um bislang brachliegende Ertragspotenziale zu erschließen. Dementsprechend boomt die Branche. Nach einer Studie des Marktforschungsinstituts IDC legte BPO 2003 weltweit um 8 Prozent zu und erzielte ein Umsatzvolumen von 405 Milliarden US-Dollar. IDC erwartet bis 2008 einen weiteren Anstieg auf mehr als 680 Milliarden US-Dollar.

Die Vorteile der neuen Strategie liegen auf der Hand:
- Das auslagernde Unternehmen kann sich deutlich mehr als bisher auf seine Kernkompetenzen konzentrieren,
- die Kosten sinken deutlich,
- der Dienstleister gewährleistet Best Practices und Spitzentechnologie,
- das Unternehmen stärkt seine Wettbewerbsposition unter anderem durch größere Kundenzufriedenheit, höhere Effizienz und einen schnelleren Marktzugang.

Deutsche Banken und Versicherungen beginnen, BPO zu entdecken

Die meisten deutschen Kreditinstitute, gleichgültig ob renommierte Adresse oder mittelständisches Geldhaus, arbeiten mit Hochdruck daran, ihre Kostenbelastungen abzubauen. So machen vor allem Meldungen von Großbanken Schlagzeilen, die vom enormen Abbau von Arbeitsplätzen und der Schließung von Filialen berichten. Stilllegungen oder Entlassungsaktionen kleinerer Institute erfolgen ebenfalls. Zwischen dem Anfang der 90er Jahre und 2004 hat sich die Zahl der Banken in der Bundesrepublik um rund 50 Prozent verringert. Damit wird es schwer, noch weitere Niederlassungen zu schließen, ohne Kunden zu verärgern oder zu Internet-

Banken zu treiben. BPO entwickelt sich deshalb mehr und mehr zum wichtigen Thema, wird aber nur von den wenigsten bereits offensiv genutzt. Versicherungen reagieren ähnlich und beginnen erst, sich Gedanken darüber zu machen, ob sie dem Trend folgen sollen. Kerkhoff Consulting hat die aktuelle Situation untersucht und dazu deutsche Kreditinstitute und Versicherungen nach ihren Outsourcing-Aktivitäten und -Plänen befragt. Benchmarking-Gespräche mit internationalen Bankhäusern führten zu dem klaren Ergebnis, dass das Thema BPO hierzulande noch längst nicht den Stellenwert genießt, der ihm zukommen sollte. Enorme Einsparpotenziale bleiben also ungenutzt.

Internationale Geldinstitute und Versicherungen übernehmen beim BPO die Vorreiterrolle

Bei internationalen Kreditinstituten und Versicherungen sind die Weichen längst auf Business-Process-Outsourcing gestellt. Dementsprechend hochkarätig ist die Liste von Gesellschaften, die mittlerweile in der BPO-Hochburg Indien einfache, komplexere und hoch komplexe Serviceleistungen einkaufen. Dazu gehören beispielsweise HSBC, die CitiBank oder American Express. Sie alle profitieren von ihrer Entscheidung. Kein Wunder, denn die Kosteneinsparmöglichkeiten liegen bei über 30 Prozent. Da erstaunt es keinen, dass deutsche Banken im weltweiten Vergleich immer mehr ins Hintertreffen geraten und von den vorderen Plätzen der Hitlisten erfolgreicher Kreditinstitute verschwunden sind.

Indien ist bei den meisten BPO-Dienstleistungen derzeit nahezu unschlagbar

Indien bietet potenziellen BPO-Kunden ein einzigartiges Umfeld. Und das nicht nur aufgrund der zukunftsweisenden, boomenden IT-Industrie. Hier sind reichlich hervorragend motivierte, technologisch hoch versierte Arbeitskräfte vorhanden, die Englisch häufig wie ihre Muttersprache beherrschen. Nirgendwo anders auf der Welt, außer in den USA, leben so viele Menschen, die diese Sprache perfekt sprechen. Für qualifizierten Nachwuchs ist ebenfalls gesorgt. Jedes Jahr verlässt eine Vielzahl frisch diplomierter Ingenieure die Hochschulen und ist begierig darauf, ihr erworbenes Know-how in die Praxis umzusetzen.

Die enorme Kosteneffizienz ist ein weiteres Kriterium für das dynamische Wachstum im Bereich BPO. Dazu ein Praxisbeispiel: Bei dem Betrieb eines Call-Centers liegt der Personalkostenanteil bei 55 bis 60 Prozent der Gesamtkosten. Ein Wert, der einen Unternehmer aus der Bundesrepublik vermutlich erschauern lässt. Lagert er die Dienstleistung nach Indien aus, fällt gerade mal ein Zehntel der Kosten an, die ihn hierzulande erwarten würden.

Die indische Regierung hat die gute Chance, die Branche weltweit zum Spitzenreiter zu machen, erkannt und unterstützt die Entwicklung des Bereiches mit vielfältigen Initiativen. Das Thema »Förderung des IT-Servicebereichs« steht auf Rang fünf der staatlichen Prioritätenliste. Deshalb wurden die Reglementierungen für internationale Investoren gelockert und erlauben es, dass die Unternehmen zu 100 Prozent im Besitz ausländischer Unternehmer sein dürfen. Eine verbesserte IT-Infrastruktur und moderne Telekommunikationseinrichtungen tragen ebenfalls dazu bei, das weitere Wachstum der Branche nachhaltig zu fördern. Schon die Entwicklungsquoten der vergangenen Jahre sind nahezu atemberaubend: 1998 arbeiteten rund 23 000 Menschen in dem Bereich und erwirtschafteten einen Umsatz von 10 Millionen US-Dollar. 2008, also zehn Jahre später, wird die Zahl der Arbeitnehmer vermutlich auf eine Million emporgeschnellt sein. Der Umsatz soll, so die Prognose eines Brancheninsiders, bei zirka 20 Milliarden US-Dollar liegen. Die aktuelle Entwicklung bestätigt, dass diese Aussage durchaus zutreffend ist. Zentrale Tätigkeitsfelder werden in Zukunft vor allem die bisherigen »Backoffice«-Dienstleistungen für Kreditinstitute, Service- und Industriebetriebe, die Bearbeitung von Schadensfällen für Versicherungen und die Interaktion mit Kunden der internationalen Auftraggeber sein.

Wichtige Adressen für Indien-Interessierte:
- Bundesagentur für Außenhandelsinformationen, www.bfai. com
- Deutsch-Indische Handelskammer, www.indo-german.com.

Der Beschaffungsmarkt Türkei

Die Wirtschaftspolitik der Türkei wird in hohem Maße von dem Wunsch geprägt, schon bald in die Europäische Union aufgenommen zu werden. Dies spiegelt sich unter anderem in vielfältigen Reformen wider, die darauf zielen, die Binnen- und die Außenwirtschaft weiter zu liberalisieren. Auch die Wirtschaftspolitik ist durchaus unternehmerfreundlich. Die Folgen der schweren Wirtschafts- und Finanzkrise der Jahre 2000 und 2001 sind überwunden. Damals sorgten eine Inflationsrate von über 80 Prozent und eine gewaltige Zunahme der Staatsverschuldung für einen Niedergang der Wirtschaft. Seit 2002 greifen die vom Internationalen Währungsfonds (IWF) unterstützten Reformen und führen zu anhaltendem Wachstum – rund 10 Prozent im Jahr 2004. Der Export boomt, die Inflation geht deutlich zurück und die Währung erstarkt.

Die Wirtschaft des Landes hat sich in den vergangenen Jahren grundlegend gewandelt. Stand früher die Agrarwirtschaft im Mittelpunkt, so gibt es heute differenzierte Strukturen mit einem deutlichen Gefälle zwischen der West- und Osttürkei. Vor allem im Westen erlebt die Industrie einen deutlichen Aufschwung. Dort entstehen immer mehr Textil-, Fahrzeug-, Chemie-, Maschinenbau- und Elektrounternehmen. Im Osten und Südosten wird nach wie vor in erster Linie Landwirtschaft betrieben. Dies begründet sich vor allem in den mangelhaften infrastrukturellen Rahmenbedingungen in den Regionen. Heute trägt der Agrarbereich jedoch nur noch 13 Prozent zum Bruttosozialprodukt (BSP) bei. Trotzdem arbeiten etwa 40 Prozent der rund 70 Millionen Einwohner in diesem Segment. Die Industrie erwirtschaftet rund 25 Prozent des BSP. Der Dienstleistungssektor leistet aufgrund der hohen touristischen Attraktivität des Landes mit zirka 62 Prozent den größten Beitrag zum BSP.

Der anhaltende Aufschwung wirkt sich auch auf die Entwicklung des Pro-Kopf-Einkommens aus. Allerdings liegt der Durchschnittsverdienst nach Angaben der Weltbank noch immer häufig unter dem Niveau in vielen Entwicklungsländern. Die Statistik lässt jedoch die gravierenden Einkommensunterschiede zwischen der Boomregion West-Türkei und der sich erst langsam entwickelnden Ost-Türkei unberücksichtigt.

Jahrhundertelange Beziehungen zu Deutschland

Die türkische Kandidatur für den EU-Beitritt ist nicht der einzige Grund für die guten Beziehungen und den anhaltend wachsenden Wirtschaftsaustausch zwischen der Türkei und Deutschland. Mehrere Institutionen haben es sich zur Aufgabe gemacht, die bilateralen Beziehungen weiter zu festigen und auszubauen. Dazu gehört beispielsweise der deutsch-türkische Kooperationsrat, der sich mit Themen wie Politik, Wirtschaft, Umwelt oder Verkehr beschäftigt. Kontinuierliche Regierungsverhandlungen zielen ebenfalls darauf, die wirtschaftliche Zusammenarbeit fort zu entwickeln. Die Anfang 1996 in Kraft getretene Zollunion schaffte die notwendigen Rahmenbedingungen für eine forcierte Wirtschaftskooperation. Ein Doppelbesteuerungsabkommen zwischen der Türkei und der Europäischen Union fördert die bilateralen Wirtschaftsbeziehungen ebenfalls.

Deutschland ist schon lange der wichtigste Handelspartner der Türkei und wird diese führende Position nach Überzeugung von Wirtschaftsexperten weiter ausbauen. Dementsprechend stieg das bilaterale Handelsvolumen 2004 weiter deutlich an und erreichte mit rund 20 Milliarden Euro einen Rekordwert. Das Volumen der türkischen Exporte in die Bundesrepublik lag bei fast 8 Milliarden Euro und entsprach damit rund 14 Prozent der gesamten Ausfuhren. Deutsche Unternehmen lieferten Waren und Dienstleistungen im Wert von nahezu 12 Milliarden Euro.

Firmen aus der Bundesrepublik sind aber nicht nur die wichtigsten Kooperationspartner der türkischen Wirtschaft. Sie investieren in der Türkei auch mehr als Unternehmen aus anderen Ländern. Dementsprechend steigt die Zahl von Betrieben aus der Bundesrepublik, die in der Türkei Tochtergesellschaften gründen, deutlich an. Außerdem wächst die Zahl deutsch-türkischer Joint Ventures weiter.

Türkei – auf dem Weg zur Spitzenposition im expansiven Bereich Industrietextilien

Wer noch bis vor kurzer Zeit nach den wichtigsten Exportprodukten der Türkei gefragt wurde, antwortete fast immer mit »Bekleidung«. Das stimmte auch so lange, bis die Chinesen oder Vietnamesen die Türken von dem Spitzenplatz verdrängten und sich als derzeit konkurrenzlos preiswerter Anbieter in diesem Bereich etablierten. Die türkische Textilindustrie fiel deshalb jedoch nicht in Depression und arbeitet derzeit mit Hochdruck und stetig wachsendem Erfolg daran, sich in einer hochexpansiven Nische der Textilbranche wiederum als Produktionsland Nummer eins zu positionieren: im Bereich Industrietextilien. Dazu gehören beispielsweise Hygieneartikel, Autofilter und -innenausstattungen, Siebe, Dämmstoffe, Airbag-Luftsäcke oder Transportbänder.

Deutliche Nachfragesteigerungen auf dem Weltmarkt

Die Nachfrage nach Industrietextilien wächst dynamisch. Allein bis zum Jahr 2006 wird die Branche weltweit um jährlich nahezu 10 Prozent zulegen. Davon profitieren in erster Linie die Schwellen- und Entwicklungsländer. Diese Entwicklung lässt sich mit eindeutigen Zahlen belegen: 1991 hielten Nordamerika, Europa und Japan gemeinsam rund 75 Prozent des Weltmarktanteils. Zehn Jahre später hatte sich dieser Wert auf zirka 66 Prozent reduziert – zu Gunsten der kleineren Staaten.

Warum profitiert vor allem die Türkei von der Entwicklung?

Die Mitarbeiter von Kerkhoff Consulting in Istanbul haben untersucht, warum das Land zu den Gewinnern auf dem boomenden Markt für Industrietextilien zählen wird. Dazu wurden Produzenten vor Ort nach ihrer derzeitigen Situation und ihren Plänen befragt, mit deren Kunden wurde gesprochen sowie der Markt analysiert. Das Ergebnis: Die Türkei ist bereits heute ein idealer Beschaffungsmarkt für Industrietextilien und wird diese Position noch weiter ausbauen. Das Land hat sich bereits in der Vergangenheit einen guten Ruf in der Filzproduktion erworben. Dieses Know-how in Verbindung mit der hohen Qualifikation im Bereich Bekleidung schafft besonders gute fachliche Voraussetzungen. Neue Anbieter setzen ausschließlich auf High-Tech-Produktionsprozesse. Flexible Arbeitszeiten differenzieren die Hersteller vor allem von Wettbewerbern in Westeuropa. Diskussionen um Arbeitszeitverkürzungen kennt in der Türkei kaum jemand. Gleichzeitig ermöglicht der Standort kurze Wege zu Abnehmern im gesamten europäischen Raum. Damit wird das Land nicht nur zur ersten Adresse für das Global Sourcing von Industrietextilien. Internationalen Investoren bieten sich in der Türkei mit einem Einstieg in den boomenden Wirtschaftszweig hervorragende Renditechancen. Denn das Wachstum der Branche wird zumindest mittelfristig anhalten.

Wichtige Adressen für Türkei-Interessierte:
– Bundesagentur für Außenhandelsinformationen, www.bfai. com
– Deutsch-Türkische Industrie- und Handelskammer, www.dtr-ihk.de.

Der Beschaffungsmarkt Osteuropa

Am 1. Mai 2004 wurde die EU um Polen, Ungarn, Tschechien, Slowakei, Slowenien, Estland, Lettland und Litauen erweitert. Damals entstand der größte Binnenmarkt der westlichen Welt – mit mehr als 450 Millionen Menschen, die ein Bruttoinlandsprodukt von zirka 9 Billionen Euro erwirtschaften. Die osteuropäischen Beitrittsländer gerieten jedoch nicht erst durch ihre Aufnahme in die Europäische Union in den Fokus zukunftsorientierter Unternehmen. Sie gelten bereits seit Jahrzehnten als attraktiver Beschaffungsmarkt. Gleichzeitig nimmt der Handel mit Osteuropa Jahr für Jahr deutlich zu. Denn die Konsumfreude der 75 Millionen Einwohner in den neuen osteuropäischen EU-Staaten wächst mit dem Erstarken ihrer Wirtschaft.

Schon heute steht fest, dass die Beitrittsländer von dieser Entwicklung langfristig profitieren werden. Der verbesserte Zugang zu modernen Technologien hilft, die Produktivität zu steigern. Westliche Direktinvestitionen bringen notwendiges Kapital in die Regionen. Außerdem erlaubt die EU-Mitgliedschaft den Zugriff auf Fördergelder zum Auf- und Ausbau der wirtschaftlichen und gesellschaftlichen Infrastruktur. Ein Aspekt, der auch für investitionswillige Unternehmen aus dem Westen interessant ist.

Die Rahmenbedingungen für ein Engagement in Osteuropa sind ohnehin überdurchschnittlich: Die Arbeitslöhne liegen deutlich unter westlichem Niveau. Die Prognosen für weiteres Wachstum fallen positiv aus. Die Kaufkraft steigt und die Währungen sind stabil. Gründe genug, dass die Zahl westlicher Firmen aller Größen in den osteuropäischen EU-Staaten mit hohem Tempo wächst. Vor allem die Automobilindustrie hat die Region als attraktiven Beschaffungsmarkt und Produktionsstandort entdeckt. So lässt Audi zum Beispiel in Ungarn fertigen, Porsche kauft Karosserien in der Slowakei ein, und Volkswagen produziert längst an diversen Standorten in den osteuropäischen EU-Staaten.

Die konstante wirtschaftliche Aufwärtsentwicklung macht die Beitrittsländer zu immer wichtigeren Handelspartnern. Deshalb bauen auch die expansiven internationalen Handelskonzerne die Präsenz in Osteuropa massiv aus. Ihre Chancen auf anhaltendes profitables Wachstum stehen gut. Zum einen ist die Konzentration im Handel weit weniger ausgeprägt als in den westlichen Ländern. Zum anderen sind die Märkte noch längst nicht gesättigt. Die weitere positive Entwicklung scheint absehbar. Denn die Kaufkraft wird durch steigende Löhne weiter steigen und sich positiv auf die Nachfrage nach ausländischen Waren auswirken.

Die wirtschaftliche Lage der wesentlichen osteuropäischen EU-Beitrittsländer:

Polen

Die Wirtschaft des Landes hat sich seit Beginn des Transformationsprozesses eindrucksvoll verändert. In vielen Bereichen sind bereits annähernd westliche Strukturen vorhanden. So erfolgt die Bruttowertschöpfung zu mehr als 50 Prozent im Dienstleistungssektor, nur noch 24 Prozent werden in der Industrie erzielt. Die Baubranche kommt auf 7 Prozent und die Landwirtschaft auf knapp 3 Prozent. Weit über die Hälfte der Wertschöpfung wird von privaten Unternehmen generiert, die zirka 70 Prozent der Arbeitskräfte beschäftigen. Ein dynamisch wachsender Export, der anhaltende Aufschwung der Industrieproduktion sowie stetig zunehmende Investitionen treiben die positive wirtschaftliche Entwicklung des Landes weiter voran. Lebensmittelerzeugung, Energieversorgung, Bergbau und Hüttenindustrie führen die Rangliste der wichtigsten Industrien an, gefolgt von Maschinenbau und Elektroindustrie, Fahrzeugbau, Textilien und Bekleidung. Mit 38 Millionen Einwohnern ist Polen der größte Markt unter den EU-Beitrittsländern und hat damit, auch aufgrund der günstigen Investitionsbedingungen, eine hohe Anziehungskraft auf ausländische Investoren. Vor allem deutsche Unternehmen nutzen diese Chance – vom kleineren Mittelständler bis hin zu internationalen Konzernen. Die Investitionen konzentrieren sich bislang auf die Bereiche Automobilindustrie, Banken und Versicherungen, Groß- und Einzelhandel, Lebensmittelveredelung und Stromversorgung. Neben ihrer Rolle als führender Direktinvestor steht die Bundesrepublik auch auf Platz eins der Handelspartner Polens. Rund ein Drittel des Exports geht nach Deutschland. Polen gehört gemeinsam mit Tschechien zu den wichtigsten Abnehmerländern deutscher Produkte in Mittel- und Osteuropa.

Wichtige Adressen für Polen-Interessierte:
- Bundesagentur für Außenhandelsinformationen, www.bfai.com
- Deutsch-Polnische Industrie- und Handelskammer, www.ihk.pl
- Polen-Portal, www.poland.gov.pl.

Tschechien

Das gute Konsumklima, ein starker Export sowie nach wie vor hohe Investitionen ausländischer Unternehmen sind für den anhaltenden Wachstumskurs in Tschechien verantwortlich. Heute kommt bereits mehr als die Hälfte der Industrieproduktion aus den

Fabriken ausländischer Investoren. Diese Unternehmen sorgen für rund 70 Prozent der gesamten Ausfuhren. Die Regierung erleichtert deshalb ausländische Direktinvestitionen durch attraktive Förderprogramme und unterstützt die Unternehmen bei ihren Exportbemühungen. Die seit langem bestehenden engen Wirtschaftsbeziehungen zwischen Deutschland und Tschechien haben sich nach dem EU-Beitritt des Landes weiter verbessert. Die deutschen Exporte nahmen 2004 um mehr als 15 Prozent zu. Die Importe aus Tschechien stiegen um zirka 22 Prozent.

Wichtige Adressen für Tschechien-Interessierte:
- Bundesagentur für Außenhandelsinformationen, www.bfai. com
- Deutsch-Tschechische Industrie- und Handelskammer, www. dtihk.cz
- Portal Tschechien Online, www.tschechien-online.org.

Ungarn

Die ungarische Wirtschaft befindet sich bereits seit mehreren Jahren im deutlichen Aufwärtstrend. Diese Entwicklung wird im Wesentlichen durch den Export der mit Hilfe westlicher Investoren modernisierten Industrie getragen. Vor allem deutsche Unternehmen haben sich in Ungarn engagiert. Dazu gehören Namen wie Audi, Telekom, E-ON, Allianz, Bosch oder Carl Zeiss. Aber auch mittelständische Betriebe, die in erster Linie aus der Automobilindustrie und dem Maschinenbau kommen, sind mit eigenen Fertigungsstätten präsent. Mehr als 80 Prozent der deutschen Investoren sind, so das Ergebnis einer Befragung der Deutsch-Ungarischen Industrie- und Handelskammer, mit ihrem Ungarn-Engagement »sehr zufrieden«. Die guten Beziehungen zwischen Ungarn und Deutschland spiegeln sich auch im bilateralen Handel wider: Die Bundesrepublik ist seit Jahren wichtigster Wirtschaftspartner des Landes.

Wichtige Adressen für Ungarn-Interessierte:
- Bundesagentur für Außenhandelsinformationen, www.bfai. com
- Deutsch-Ungarische Industrie- und Handelskammer, www. duihk.hu.

Rumänien auf dem besten Weg zum attraktiven Beschaffungsmarkt

Nicht nur die osteuropäischen EU-Länder überzeugen mit hervorragenden Einkaufskonditionen und hochwertigen Produkten. Auch Rumänien gewinnt als Beschaffungsmarkt zunehmend an Attraktivität. Das gilt vor allem für den Kfz-Bereich, die Informations- und Kommunikationsindustrie, den Maschinen- und Anlagenbau, die chemisch-pharmazeutische Industrie, die Möbel- und Textilbranche sowie den Bereich Lebensmittelverarbeitung. Der geplante Bau von Eisenbahn-, Hafen- und Energieanlagen mit Hilfe von internationalen Finanzierungsinstitutionen sowie der EU wird die positive Entwicklung des Landes weiter fördern. Im Jahr 2004 lag das Wirtschaftswachstum bei deutlich über 8 Prozent. Experten gehen davon aus, dass dieser Trend in den nächsten Jahren anhalten wird. Ein umfangreiches Reformprogramm soll das Land mit seinen rund 22 Millionen Einwohnern auf den EU-Beitritt vorbereiten. Steuersenkungen sowie die Bekämpfung von Korruption und Schattenwirtschaft gehören zu den wesentlichen Initiativen im Rahmen des Programms. Die bereits erzielten Erfolge wurden von der EU offiziell anerkannt.

Die Handelsbeziehungen zwischen Rumänien und Deutschland entwickeln sich dynamisch. Zirka 15 Prozent des rumänischen Exports gehen in die Bundesrepublik. Das Interesse deutscher Unternehmen an einer Präsenz in dem südosteuropäischen Land wächst ebenfalls kontinuierlich: Ende 2004 gab es in Rumänien bereits mehr als 12 000 Unternehmen mit deutscher Beteiligung.

Wichtige Adressen für Rumänien-Interessierte:
- Bundesagentur für Außenhandelsinformationen, www.bfai. com
- Deutsch-Rumänische Industrie- und Handelskammer, www. ahk-germany.de/rumaenien.

Kapitel 4
So wird Global Sourcing zum Renditemotor

Global Sourcing macht die internationale Beschaffung, genau wie Local oder Domestic Sourcing, zum strategischen Element einer zukunftsorientierten Unternehmensstrategie. Davon ist auch Dirk U. Hindrichs, geschäftsführender persönlich haftender Gesellschafter des führenden Systemanbieters für Fassaden- und Bauelemente Schüco International KG überzeugt. In vielen Unternehmen hat sich dieses Bewusstsein jedoch noch längst nicht durchgesetzt. Hindrichs:»Es sind zwar aktuell vermehrt Anstrengungen spürbar, die die internationale Beschaffung fokussieren, aber mangels Erfahrungen und erforderlicher geeigneter Ressourcen ebbt die anfängliche Motivation rasch wieder ab.« Der Schüco-Lenker bleibt jedoch optimistisch, wenn er sagt:»Die Bereitschaft, dieses Thema ganz oben auf die Prioritätenlisten zu setzen, wird sich aus der Wettbewerbsdynamik heraus in absehbarer Zeit beschleunigen. Die Beschaffung wird immer mehr zu einer strategischen Managementaufgabe.«

Die Implementierung einer effizienten Global-Sourcing-Strategie unterscheidet sich zwar nicht grundsätzlich von der Institutionalisierung strategischer Beschaffungsaktivitäten im Umfeld des Unternehmens. Es gilt jedoch, aufgrund der unterschiedlichen Rahmenbedingungen sowie der höheren Komplexität einige Besonderheiten, die über den nachhaltigen Erfolg des Global Sourcing entscheiden, zu beachten. Zu diesen Merkmalen gehören:

- Die zum Teil sehr unterschiedlichen Strukturen der ausländischen Märkte sowie die stark differierenden Mentalitäten und Handlungsweisen internationaler Lieferanten,
- die zeit- und kostenaufwändigere Informationsbeschaffung aufgrund vielfältiger möglicher Kommunikationsprobleme, wie fehlender Sprachkenntnisse, der weiten Entfernung des Beschaffungsmarktes oder unterschiedlicher Auffassungen von der Produktqualität,

Zukunftschance Global Sourcing. Gerd Kerkhoff
Copyright © 2005 WILEY-VCH Verlag GmbH & Co. KGaA, Weinheim
ISBN: 3-527-50196-7

- mögliche Vorbehalte der Einkäufer und Techniker gegenüber ausländischen Produkten aufgrund von schlechten Erfahrungen oder jahrelangen freundschaftlichen Beziehungen zu nationalen Lieferanten und
- fehlende beziehungsweise unzureichende Informationen über die Situation auf den jeweiligen Märkten.

Diese Besonderheiten unterstreichen die Wichtigkeit, Global Sourcing nicht nur als eine der vielen Anforderungskriterien an die Einkaufsabteilung zu formulieren, sondern die weltweite Beschaffung konsequent in den Fokus zu rücken. Nur so lassen sich der nachhaltige Erfolg der Strategie realisieren und langfristige Ertragspotenziale für Ihr Unternehmen generieren. Dies bestätigt auch Paul Zumbühl, Vorstandsvorsitzender der Interroll-Gruppe, einer der weltweit führenden Anbieter von Komponenten und Subsystemen für Materialfluss, Fördertechnik und Automation. Zumbühl: »Dass mit internationalen Lieferanten Beschaffungskosten reduziert werden können, ist bekannt. Das Bewusstsein über die Höhe realisierbarer Einsparungen und die positiven Auswirkungen auf die Geschäftspositionierung ist uns erst nach der erfolgreichen Projektarbeit deutlich geworden.«

Auf den folgenden Seiten werden Sie deshalb detailliert erfahren, welche Aktivitäten notwendig sind, um Global Sourcing im Unternehmen zum Renditemotor zu machen. Dazu gehören nicht nur die zielorientierte Auswahl der im Ausland zu beschaffenden Produkte und des internationalen Beschaffungsmarktes, die Suche und Bewertung möglicher Lieferanten sowie die Formulierung einer aussagekräftigen Ausschreibung. Zusätzlich gilt es, die potenziellen Zulieferer vor Ort zu analysieren, ihre individuelle Art der Verhandlungsführung zu kennen und darauf zielführend zu reagieren. Wer mit Global Sourcing dauerhaft erfolgreich sein will, muss außerdem operatives Lieferantenmanagement und -controlling betreiben und die Organisation seines Einkaufs auf die neuen Anforderungen ausrichten. Damit wird die Installation zu einem längeren Prozess, der sich aber lohnt, erläutert Dr. Günter Scheipermeier, Geschäftsführer des renommierten Einbauküchenherstellers Nobilia-Werke J. Stickling GmbH & Co: »Global Sourcing lässt sich nicht im Schnellverfahren implementieren. Wir haben uns aufgrund dessen die notwendige Zeit genommen und können heute die Früchte der strategischen internationalen Beschaffung ernten. Bei uns verbessert sich die Wertschöpfung trotz massiven Preisdrucks.«

Welche Produkte eignen sich für Global Sourcing?

Die globale Beschaffung führt nur zu den gewünschten Erfolgen, wenn die Einzelteile oder kompletten Produkte die folgenden Voraussetzungen zumindest zu einem großen Teil erfüllen. Treffen diese Kriterien nicht zu, sollten weitere traditionelle Beschaffungswege genutzt werden. Teilen Sie Ihren vorhandenen Lieferanten aber durchaus mit, dass Sie sich intensiv mit dem Thema Global Sourcing beschäftigen. Mit diesem Hinweis stößt man bei nationalen Zulieferern häufig auf eine bislang noch nicht vorhandene Verhandlungsbereitschaft.

1. Hoher Lohnkostenanteil

Personalkostenintensive Produkte sind in der Herstellung in Industrieländern zwangsläufig teuer. Die Nutzung niedrigerer Lohnkosten in Schwellenländern ist meist der ausschlaggebende Grund, international zu beschaffen. Prinzipiell ist hier natürlich Vorsicht geboten beziehungsweise müssen Märkte detailliert analysiert werden. Wenn das Land, in dem beschafft werden soll, die notwendigen Rohstoffe wiederum aus dem Ausland beziehen muss, kann sich der Lohnkostenvorteil schnell relativieren. Berücksichtigen Sie diesen Gesichtspunkt deshalb bei der Auswahl des Beschaffungslandes.

2. Durchschnittliche technologische und qualitative Anforderungen

In der Anfangsphase sollte sich das Unternehmen auf Teile beschränken, die ohne aufwändige Fertigungsverfahren und großes

Know-how herzustellen sind. Selbst wenn der neue Lieferant hervorragende Produkteigenschaften zusagt und entsprechende Musterteile präsentiert, ist Vorsicht geboten. In vielen Schwellenländern herrscht häufig ein ganz anderes Verständnis von Qualität. Güteschwankungen sind deshalb nicht ungewöhnlich. Regelmäßige Produkttests im Herstellungsland werden auch bei längeren Partnerschaften zur Pflicht.

3. Hohes Beschaffungsvolumen

Festgeschriebene Grenzen für die Bestellmengen pro Produkt gibt es nicht. Die Praxis zeigt jedoch, dass effizientes internationales Beschaffen für Newcomer, die zunächst nur ein Produkt aus dem Ausland beziehen wollen, bei einem Bestellvolumen ab 500 000 Euro beginnt. Nur so lassen sich die notwendigen Kosten (Reisekosten, Recherchekosten, Dolmetscherhonorare, Zusatzaufwand für Forschung & Entwicklung, Produktion und Technik, Logistikkosten, Kontrollkosten) mit dem zu erzielenden Nutzen in Einklang bringen. Wer bereits über Erfahrungen im Global Sourcing verfügt und in einem Land mehrere leistungsfähige und zuverlässige Lieferanten kennt, kann häufig aber auch für kleinere Mengen attraktive Konditionen aushandeln.

4. Geringe Komplexität der Werkstoffe

Vor allem in China stehen längst nicht immer die notwendigen Qualitätswerkstoffe zur Verfügung. In solchen Fällen greifen die Lieferanten gerne ungefragt auf andere, mindere Qualitäten zurück. Dieses Risiko lässt sich erst reduzieren, wenn enge Geschäftsbeziehungen zu zuverlässigen Unternehmen aufgebaut wurden. Und das dauert, wie in Deutschland auch, eine gewisse Zeit. In einigen Fällen kann es sogar betriebswirtschaftlich sinnvoll sein, das Rohmaterial in Deutschland einzukaufen und zur Bearbeitung in das Beschaffungsland zu schicken – zum Beispiel bei der Bestellung besonders hochwertiger Werkzeuge. So beschafft der Werkzeugproduzent 3D Schilling inzwischen 15 Prozent seines Bedarfes in

China. Um die Qualität bei der Serienfertigung zu gewährleisten, wird das Rohmaterial für die Werkzeugherstellung in der Regel aus Deutschland geliefert. Drei Wochen nachdem die notwendigen Zeichnungen in China eingegangen sind, trifft das fertige Werkzeug per Luftfracht in der Bundesrepublik ein. Erfolg für 3D Schilling: Das Unternehmen erzielt durch das Global Sourcing Einsparungen bis zu 40 Prozent gegenüber dem herkömmlichen Verfahren.

5. Planbarkeit der Bedarfsmenge

China und Indien liegen Tausende von Kilometern von uns entfernt. Dies führt nicht nur zu langen Verschiffungszeiten (China: mindestens 30 Tage, Indien: 20 bis 30 Tage). Auch die Vorbereitung der Verladung sowie das Entladen der Schiffe und der anschließende Transport zum Besteller nehmen noch einmal einige Tage in Anspruch. Die Zeiten sind also vorbei, in denen ein kurzes Telefongespräch ausreichte, um Waren abzurufen, die bereits in wenigen Stunden benötigt werden. Eine detaillierte Jahresplanung, die mit Lieferanten und Logistikunternehmen abzustimmen ist, wird zur Pflicht. Wer potenziellen Zulieferern derart genaue Daten liefern kann, verbessert damit auch seine Verhandlungsposition. Zudem erhöht sich durch eine höhere Bedarfsmenge, die international beschafft wird, natürlich auch die Verhandlungsposition gegenüber dem Lieferanten. Bündelungseffekte und somit Preisspielräume nach unten sind nutzbar.

6. Austauschbarkeit der Lieferanten

Die Abhängigkeit von nur einem Zulieferer birgt beim globalen Einkauf noch mehr Gefahren als beim traditionellen Sourcing. Ihr Produkt, das Sie im Ausland beschaffen wollen, sollte deshalb problemlos, also ohne lange Testphase, von mehreren Unternehmen gefertigt werden können. Es ist ohnehin empfehlenswert, nicht nur mit einem Lieferanten in einem Land zusammenzuarbeiten, sondern auch in einer weiteren Region potenzielle Partner zu identifizieren, von denen kurzfristig geliefert werden kann. Damit reduziert sich nicht nur das Versorgungsrisiko aufgrund von Problemen, die möglicherweise nach Vertragsunterzeichnung auftreten. Auch bei Streiks, politischen Unruhen oder Naturkatastrophen bleibt die Versorgung weitgehend gesichert.

7. Eindeutigkeit der Zeichnungen und technischen Spezifikationen

Längst nicht alle Unternehmen verfügen über vollständige Produktspezifikationen. Oft genug sind die Informationen und Zeichnungen einige Jahrzehnte alt. Wer global sourcen will, kommt nicht umhin, seine Spezifikationen auf den neuesten Stand zu bringen, den internationalen Normen anzupassen und häufig sogar in die Landessprache zu übersetzen. Je einfacher beziehungsweise verständlicher Zeichnungen und technische Spezifikationen also sind, desto höher ist die gelieferte Qualität. Umständliche zusätzliche Kommunikationsschleifen werden vermieden.

8. Geringer Anteil an Logistikkosten/Hohe Lager- und Transportfähigkeit

Vor allem Nahrungsmittel erfordern wegen ihrer Verderblichkeit eine aufwändige Lagerhaltung und müssen meist rasch weiterverarbeitet werden. Diese Anforderungen schlagen sich natürlich auf die Lager- und Transportkosten nieder. Zum Kostentreiber wird der Versand auch, wenn es sich um Produkte handelt, die eine besonders komplexe Verpackung benötigen. Hier macht es beispielsweise für ein deutsches Unternehmen viel mehr Sinn, sich auf näher gelegene Regionen wie Polen, Rumänien oder die Türkei zu beschränken oder weiterhin bei den vorhandenen Lieferanten einzukaufen. Im Extremfall können die Lager- und Transportkosten die günstigen Lohnkosten in dem Beschaffungsland übersteigen. Produkte, die für Global Sourcing in Frage kommen, müssen dementsprechend eine hohe Lager- und Transportfähigkeit aufweisen. Prinzipiell gilt auch hier der Grundsatz, dass der durch Global Sourcing entstehende Gesamtaufwand deutlich unter dem Aufwand für den nationalen oder regionalen Bezug liegen muss.

9. Niedrige Einfuhrzölle

Wer im Ausland beschaffen will, sollte bei der Auswahl geeigneter Länder die jeweiligen Zollvorschriften berücksichtigen. Normalerweise liegen die Einfuhrzölle selten über 5 bis 10 Prozent des Produktpreises. Es gibt aber auch Länder, mit denen die Bundesregierung so genannte Präferenzabkommen abgeschlossen hat, die niedrigere Zollsätze beziehungsweise Zollfreiheit beinhalten. Solche Vorteile können wesentliche Entscheidungsfaktoren sein. Denn nicht selten werden Kostenersparnisse bei den Produkten durch die Zollsätze aufgezehrt.

Ist Ihr Einkauf jetzt schon richtig für Global Sourcing aufgestellt?

Deutsche Unternehmen beginnen, den hohen Stellenwert des Einkaufs für profitables Wachstum beziehungsweise die Rückkehr in die Gewinnzone jetzt langsam zu entdecken. In vielen Firmen besitzt die Beschaffungsabteilung aber immer noch einen zu geringen Stellenwert und wird von den anderen Ressorts nicht als ebenbürtiger Partner akzeptiert. So beschränken sich einige Einkaufsorganisationen derzeit noch darauf, ausschließlich operativ tätig zu sein und fast schon mechanisch Bestellvorgänge zu initiieren, anstatt aktiv zur Profitsteigerung des Unternehmens beizutragen. Viel zu selten holen diese Einkäufer Angebote von anderen Zulieferern ein und betreiben strategisches, auf nachhaltige Ertragssteigerung fokussiertes Beschaffungsmanagement. Häufig wird die Frage, ob strategisches Einkaufsmanagement zum angewendeten Instrumentarium gehört, verneint. Nicht nur, dass die Einkaufsleiter mit dem Begriff oft so gar nichts anfangen können. Meist haben die Angesprochenen leider ein unzureichendes Grundverständnis vom Geschäftsmodell des eigenen Unternehmens beziehungsweise seiner Vision und der strategischen Zielrichtung. Dann ist es natürlich unmöglich, effizientes Einkaufsmanagement zu betreiben, geschweige denn die überzeugenden Vorteile von Global Sourcing zu nutzen.

Der wesentliche Grund, der die strategische Beschaffung sowie den weltweiten Einkauf zum Gebot der Stunde macht, sind die völlig veränderten Anforderungen, mit denen Einkaufsabteilungen heute konfrontiert werden. So führt die rasant fortschreitende Globalisierung zu einem aggressiven Preiswettbewerb, in dem Unternehmen nur noch durch das Ausnutzen sämtlicher, bislang ungenutzter Potenziale, also vor allem dem Einkauf, bestehen können. Gleichzeitig eröffnen die fallenden Grenzen die Chance, mit Zulieferern zu kooperieren, die mit hochwertigen Produkten zu konkurrenzlos günstigen Preisen überzeugen. Um von diesen neuen Beschaffungsquellen langfristig profitieren zu können, müssen die Mitarbeiter des Einkaufs den globalen Beschaffungsmarkt bis ins Detail kennen und mit Hilfe von zeitgemäßen Tools immer wieder nach neuen Trends und Entwicklungen durchforsten. Damit fällt dem Beschaffungsressort eine bislang häufig völlig unbekannte Bedeutung zu. Diese Entwicklung kommt sicherlich für viele traditionelle »Beschaffer« einem Kulturschock gleich. Sie müssen sich dieser neuen Situation aber stellen und sich vor allen Dingen davon verabschieden, im Wesentlichen operativ zu arbeiten. Wie wenig betriebswirtschaftlich die öffentliche Hand im Bereich Einkauf nach wie vor agiert, beweist ein Beispiel aus der Praxis. Dabei gelang es einem Berater für ein Produkt, das jährlich für rund 4 Millionen Euro zu beschaffen ist, ein Einsparvolumen von beeindruckenden 80 Prozent zu identifizieren. Die betroffene Behörde ging jedoch auf den Vorschlag nicht ein, sondern beschafft nach wie vor auf traditionelle Weise. Und das bei chronisch leeren Kassen.

Operatives Beschaffen – unvermeidliche Routine

Was versteht man unter dieser operativen Beschaffung, ohne die eine Einkaufsabteilung natürlich auch nicht erfolgreich arbeiten kann? Hier die Erläuterung: Operative Tätigkeiten gehören zu den nur wenig beliebten Routinearbeiten, mit denen viele Einkäufer einen wesentlichen Teil ihrer Arbeitszeit verbringen, man muss oft sogar sagen vergeuden müssen. Zu diesen unvermeidlichen Aufgaben gehören beispielsweise die Formulierung von Anfragen, das Ausarbeiten von Einzel- und Rahmenverträgen, die Datenverwaltung und die Abwicklung von Einzelbestellungen. Erfahrungsgemäß nutzen die Unternehmen dazu vielfach völlig antiquierte Verfahren, die einen enormen Zeitaufwand erfordern und die Kapazitäten der Einkäufer unnötig binden. Die Pflege der Bestandslieferanten, Verhandlungen mit ihnen sowie die Qualitätssicherung zählen ebenfalls zum Aufgabenspektrum im Bereich operative Beschaffung. Sie sehen also, dass auch diese Tätigkeiten immer wiederkehren und deshalb viele Einkäufer auf Dauer vor keine besonderen Herausforderungen stellen. Durch die Reorganisation der Prozesse lassen sich im Durchschnitt Zeitersparnisse von bis zu 50 Prozent erzielen. Und nicht nur das: Die Prozesskosten reduzieren sich ebenfalls – durchschnittlich um bis zu 30 Prozent. Die neu geschaffenen Kapazitäten der Einkäufer lassen sich für die strategische Beschaffung nutzen, die eingesparten Kosten verbessern das Ergebnis.

Strategisches Beschaffungsmanagement – Basis für profitables Wachstum

Die Zeiten sind längst vorbei, in denen es sich ein Unternehmen leisten konnte, ausschließlich situativ einzukaufen, also nur zu bestellen, um einen aktuellen Bedarf zu decken. Wer sich als Einkäufer nach wie vor auf operative Tätigkeiten beschränkt, schadet seinem Arbeitgeber häufig mehr, als er ihm nutzt. Heute gilt es für die Beschaffungsabteilungen, sich weltweite Transparenz zu verschaffen und sich auf den nationalen sowie internationalen Beschaffungsmärkten bestens auszukennen.

Das heißt auch, dass mit vielen lieb gewordenen Einkaufsgewohnheiten Schluss sein muss. Dazu gehört beispielsweise die jahrelange Zusammenarbeit mit Lieferanten, ohne sich immer wieder darüber zu vergewissern, ob deren Preise und Konditionen tatsächlich mit den Angeboten der Wettbewerber konkurrieren können. Damit werden sicherlich auch eingespielte Verbindungen zwischen Bestellern und Zulieferern zerbrechen. Denn, wer glaubt, mit absolut vertrauenswürdigen Partnern zusammenzuarbeiten, die ihm die besten Preise berechnen, wird in der Praxis oft genug getäuscht.

Zu einem modernen strategischen Beschaffungsmanagement zählen, neben Global Sourcing, eine Reihe weiterer Tools. Einige werden möglicherweise bereits bekannt sein, eventuell sogar genutzt werden. Bislang ungenutzte Instrumentarien gilt es, kennen zu lernen und zu nutzen. Dies gelingt allerdings nicht ohne entsprechende Schulung der Einkäufer, um sie auf die neuen Herausforderungen vorzubereiten.

Hier zunächst eine kurze Definition der wesentlichen Erfolgsfaktoren für die Neuausrichtung der Beschaffung:

- *Beschaffungsplanung und -controlling*: Kennzahlen schaffen die Voraussetzungen, um den Einkauf auf Basis von renditeorientierten Daten zu steuern und seine Erfolge oder Misserfolge zu identifizieren. Nur wer Beschaffungskennzahlen plant und als Zielsetzung definiert, kann diese auch steuern. Analysieren Sie, ob es in Ihrer Einkaufsorganisation Planzahlen gibt. Werden Ihre Beschaffungsmanager am erzielten Einsparerfolg gemessen und danach bezahlt? Die Erfahrung zeigt, dass hier in vielen Firmen reichlich ungenutztes Potenzial vorhanden ist.

- *Beschaffungsmarktforschung*: Aussagefähige Verfahren machen es möglich, differenzierte Angaben über vorhandene Lieferantenpotenziale, die aktuelle Wettbewerbssituation, die Qualifikation der möglichen Zulieferer und deren Verhalten im Umgang mit Kunden zu recherchieren. Marktforschung in der Beschaffung muss systematisch erfolgen. So selbstverständlich dieses Tool im Marketing zur Identifikation von Kundenbedürfnissen eingesetzt wird, umso erstaunlicher ist es, dass man dieses in den wenigsten Unternehmen vorfindet. Globale Beschaffungsmarktforschung erst recht nicht. Konfrontieren Sie Ihre Einkäufer mit Fragen zur Beschaffungsmarktforschung. Nur wer systematisch Märkte, Wettbewerber, Lieferanten, Wertschöpfungsketten, Geschäftsmodelle analysiert, ist fähig, richtig zu beschaffen.

- *Make-or-Buy*: Die Make-or-Buy-Entscheidung steht in einem engen Zusammenhang mit der Optimierung der eigenen betrieblichen Wertschöpfung und zwangsläufig mit der damit verbundenen Erhöhung des externen Beschaffungsaufwandes. Wie in unseren Fallbeispielen in Kapitel 2 aufgezeigt, sind Bree oder auch H & M klassische Beispiele strategischer Make-or-Buy-Entscheidungen. Die eigene Wertschöpfung wird deutlich reduziert. Die richtige Verlagerung auf internationale Lieferanten erhöht die Wettbewerbskraft und senkt gleichzeitig deutlich Kosten.

- *Total Cost of Ownerhip*: Dieses strategische Beschaffungsmanagement-Tool sorgt für ein umfassendes Verständnis und entsprechende Transparenz aller Kosten, die mit der Beschaffung von Produkten und Dienstleistungen einhergehen. Neben den direkten Kosten fließen auch sämtliche indirekten Kosten, die mit der Beschaffung, Wartung, Instandhaltung, Benutzung etc. der Produkte verbunden sind, mit ein. Dieser Ansatz versucht außerdem, sämtliche Kosten über den Lebenszyklus eines Produktes zu kalkulieren und zu kontrollieren (*Product Life Cycle Costing*). Dieses Konzept wird nochmals im Rahmen der Materialgruppenanalyse detaillierter beleuchtet, da dieses gerade im Rahmen des Global Sourcings eine wesentliche Bedeutung einnimmt.

- *Konzeptwettbewerbe*: Bei internen Workshops erhalten potenzielle Lieferanten die Möglichkeit, einem Gremium des möglichen Auftraggebers ihre Ideen, inklusive einer ersten groben Kostenkalkulation, zu präsentieren. López hat es vorgemacht bei Volkswagen. Konzeptwettbewerbe sichern nicht nur frühzeitig die geforderte Qualität, sondern initiieren automatisch einen Wettbewerb zwischen den Lieferanten und sichern die Einhaltung des vorgegebenen Kostenrahmens.

- *Simultaneous Engineering*: Kern dieser Strategie ist die enge Kooperation aller betroffenen Abteilungen bei der Entwicklung eines Produktes sowie der Planung des Produktionsprozesses – von F & E, über Qualitätssicherung, Finanzen, Produktion, Marketing und Vertrieb, Logistik und natürlich den Einkauf. Integraler Bestandteil des Produktentwicklungsprozesses ist der Lieferant. Seine frühzeitige Einbindung sichert wiederum Qualität sowie das Einhalten des Kostenrahmens. Auch wenn

Simultaneous Engineering, also das gemeinsame Entwickeln von Produkten zusammen mit ausgewählten Lieferanten, nicht per se mit Global Sourcing einhergehen kann, ist es dennoch auch beim weltweiten Einkauf eine wichtige Beschaffungsstrategie. Frühzeitig wird nämlich deutlich, welche Produktbestandteile elementar für die letztliche Entwicklung sind. Sowohl Ihr Unternehmen als auch Ihre Lieferanten können bei der Wahl der Vorlieferanten entscheiden, was national und was international zu beschaffen ist, ohne das Produkt im Kern qualitativ zu verwässern.

– *Target Costing:* Das Konzept des Target Costing wird oftmals als ganzheitliches Kostenmanagementkonzept zur Planung, Steuerung und Kontrolle sämtlicher Kostenstrukturen umschrieben. Primär dient dieses Tool jedoch der Beeinflussung der Produktkosten in einem frühzeitigen Stadium der Entwicklung. Ausgangspunkt ist die Frage, was der Kunde bereit ist, für das Produkt beziehungsweise die Dienstleistung zu bezahlen. Es handelt sich also um ein Kostenmanagementkonzept, das sich strikt am Markt orientiert. Target Costing integriert hierbei alle Unternehmensfunktionen inklusive der Lieferanten. Diese steuert man durch enges Zuliefer-Cost-Engineering. Dabei wird detailliert festgelegt, welche Lieferanten welche Produkte zu welchen Kosten liefern und wo sich die Lieferanten regional befinden. Intelligentes Target Costing begreift Global Sourcing als maßgeblichen Bestandteil, Zielkostenrahmen einzuhalten.

– *Wertanalyse:* Dieses Verfahren zielt darauf ab, die Kosten eines Produktes beziehungsweise seiner Bestandteile zu reduzieren und trotzdem die vorgegebenen Funktionen sowie Eigenschaften zu erhalten. Außerdem wird es mit der Wertanalyse möglich, Veränderungsmöglichkeiten zu ermitteln, die den Produktwert erhöhen. Auf die Wertanalyse wird noch umfassend im eigentlichen Global-Sourcing-Prozess eingegangen, da sie mit zur Entscheidung führt, welche Produktteile und -komponenten wo beschafft werden.

– *Benchmarking:* Eng in Verbindung mit dem Bestreben der Unternehmen, immer den besten Preis bei dem zu beschaffenden Produkt oder der Dienstleistung zu erzielen, stehen Wettbewerbsvergleiche, »Benchmarking« genannt. Darunter versteht man einen strukturierten Prozess, um Verbesserungs- und umfassende Veränderungspotenziale zu identifizieren und umzusetzen. Gerade beim Global Sourcing sollte richtig angewendetes Benchmarking auf der Tagesordnung stehen. Nur wenn man Lieferanten immer wieder vergleicht, gleichgültig ob national oder international, kann das bestmögliche Preis-Leistungs-Verhältnis bei der Beschaffung realisiert werden.

Bevor Sie damit beginnen, die Einkaufsabteilung zu einem maßgeblichen Erfolgsgenerator zu entwickeln, sollten Sie sich darüber im Klaren sein, welche Gesamtstrategie Ihr Unternehmen verfolgt. An dieser Vorgabe muss sich die Beschaffungsstrategie orientieren. Wollen Sie zum Beispiel neue Vertriebsmärkte erschließen, die Position als Technologieführer ausbauen? Geht es um eine Restrukturierung oder ausschließlich um die Steigerung der Rendite?

Selbsttest: Wie gut ist Ihre Beschaffungsorganisation aufgestellt?

Mit den folgenden Aussagen lässt sich in wenigen Minuten klären, ob eine Beschaffungsorganisation bereits effizient aufgestellt ist und heute schon in der Lage ist, erfolgreich im Ausland zu sourcen. Bitte bewerten Sie die folgenden Aussagen mit »Ja« oder »Nein«:

	Ja (1)	Nein (0)
1. Unsere Einkaufsabteilung besitzt einen strategisch handelnden Einkaufsleiter		
2. Die Mitarbeiter nutzen mehr als 50 Prozent ihrer Zeit, um sich mit strategischen Fragestellungen auseinander zu setzen		
3. Die Zuständigkeiten in unserem Einkauf sind klar und deutlich geregelt		
4. Die Einkaufsorganisation ist konsequent nach nationaler und internationaler Beschaffung organisiert		
5. Mehr als 40 Prozent unseres Einkaufsvolumens wird bereits international eingekauft		
6. Unsere Einkaufsabteilung verfügt über eine aus mehreren Personen bestehende Beschaffungsmarktforschung		
7. Viele Einkäufer kennen unser Unternehmen bereits aus jahrelanger Tätigkeit in anderen Funktionen		
8. Jeder Einkäufer kennt unsere Geschäftsstrategie ganz genau		
9. Die Einkaufsabteilung richtet ihre Strategie an der Gesamtunternehmensstrategie aus		
10. Unsere Einkaufsorganisation deckt sprachlich den Weltbeschaffungsmarkt perfekt ab		
11. Den Mitarbeitern ist der Stellenwert von Global Sourcing bekannt		
12. Der Einkauf fungiert als Schnittstelle zu sämtlichen anderen Abteilungen im Unternehmen		

	Ja (1)	Nein (0)
13. Die Kommunikation mit anderen Abteilungen ist klar und verständlich geregelt		
14. Die Einkaufsabteilung wird konsequent in die Produktentwicklung eingebunden		
15. Der Einkauf kommuniziert offen sämtliche Konditionen von Lieferanten an die relevanten Abteilungen im Unternehmen		
16. Wir betreiben ein aktives Lieferantenbenchmarking, indem ständig Bestandslieferanten mit neuen Lieferanten verglichen werden		
17. Allen Abteilungen ist bewusst, wieso nationale Lieferanten verstärkt durch internationale Lieferanten substituiert werden		
18. Der Einkauf entscheidet, welche Produkte national und welche international angefragt werden		
19. Die Einkäufer sind mindestens drei Tage pro Woche in ihren Beschaffungsmärkten unterwegs		
20. Unsere Beschaffungsmarktforschung geht über reine Sekundärinformationen, zum Beispiel aus dem Internet, hinaus		
21. Der nationale Lieferantenauswahlprozess folgt einem strikten Procedere, das jedem im Unternehmen bekannt ist		
22. Der internationale Lieferantenauswahlprozess folgt einem strikten Procedere, das jedem im Unternehmen bekannt ist		

	Ja (1)	Nein (0)
23. Kriterien zur Auswahl von nationalen und von internationalen Lieferanten sind klar und eindeutig definiert		
24. Konzeptwettbewerbe führen wir in Zusammenarbeit von Einkauf sowie Forschung und Entwicklung (F & E) permanent durch		
25. Wir haben ein klares Verständnis, welche Lieferanten unsere wichtigsten Partner sind		
26. Wir wissen genau, welche Produkte und Teile global beschaffbar sind		
27. Der Einkauf entscheidet, welche Produkte global bei wie vielen Lieferanten gekauft werden		
28. Unsere Einkäufer führen immer – häufig zusammen mit F & E und Produktion – Produktwertanalysen durch		
29. Total Cost of Ownership ist bei unseren Einkäufern ein Instrumentarium, Lieferanten global zu bewerten		
30. Ein aktives Materialgruppenmanagement führt zur Entscheidung, welche Produkte global gekauft werden		
31. Die Einkäufer bündeln Bedarfsvolumina über Geschäftsbereiche, Ländergesellschaften, Standorte, Marken usw.		
32. Der Einkauf kennt die Wettbewerbsposition des Lieferanten ganz genau		
33. Unser Einkauf kann die Kalkulation des Lieferanten nachvollziehen		

	Ja (1)	Nein (0)
34. Die Einkäufer kennen die globale Preisentwicklung in den wichtigsten Materialgruppen ganz genau		
35. Qualitätsprobleme mit unseren nationalen Lieferanten können zeitnah erkannt werden		
36. Lieferprobleme mit unseren internationalen Lieferanten können zeitnah erkannt werden		
37. Im Rahmen des Global Sourcing werden bei der Erstmusterfreigabe die Prozesse bereits beim Lieferanten auditiert		
38. Es besteht eine klare Regelung, welcher Lieferant unser Unternehmen vor Ort technisch und logistisch unterstützt		
39. Unser Einkauf hat ein detailliertes Lieferantenbewertungssystem aufgebaut, das sämtliche strategischen Ansätze wie Wertanalyse, Target Costing usw. berücksichtigt		
40. Die Lieferantenbewertungen werden prinzipiell jedes Quartal von einem Team aus Einkauf, F & E und Produktion sowie Controlling durchgeführt		
41. Die Folgen einer schlechten Lieferantenbewertung für die Zulieferer sind eindeutig definiert		
42. Unser Einkauf stellt sicher, dass Global Sourcing nicht zu Know-how-Abfluss an die Lieferanten führt		
43. Der Stellenwert von Global Sourcing ist in unserem Unternehmen hoch		

	Ja (1)	Nein (0)
44. Unsere Einkäufer sourcen schon heute regelmäßig in Osteuropa		
45. Unsere Einkäufer sourcen schon heute regelmäßig in Indien		
46. Unsere Einkäufer sourcen schon heute regelmäßig in China		
47. Bei uns gibt es beim Global Sourcing einen formulierten Prozess und Ablauf		
48. Unsere Geschäftsführung/unser Vorstand lässt sich am Erfolg von Global Sourcing messen		
49. In unserem Unternehmen ist Global Sourcing eine Top-Management-Aufgabe		
50. Bei uns ist eindeutig definiert, wer in die Global-Sourcing-Entscheidung bei der Beschaffung eines Produktes eingebunden werden muss		
51. Unser Einkauf verfügt über Kenntnisse im internationalen Vertragsrecht		
52. Verhandlungen mit internationalen Lieferanten werden regelmäßig im jeweiligen Land geführt		
53. Unser Einkauf verhandelt auch während der Vertragslaufzeit, um weitere Preiszugeständnisse durchzusetzen		
54. Global zu beschaffende Produkte werden so spezifiziert, dass sie jederzeit bei unterschiedlichsten internationalen Lieferanten geordert werden können		
55. Unsere dezentralen Einkäufer koordinieren regelmäßig ihren jeweiligen Beschaffungsbedarf		

So wird Global Sourcing zum Renditemotor

Auswertung:

Für jedes »Ja« gibt es einen Punkt, für ein »Nein« keinen Punkt.

55 bis 46 Punkte: Ein erfreuliches Ergebnis. Die Einkaufsorganisation entspricht weitgehend den Anforderungen an ein modernes Beschaffungsmanagement. Die Vorteile des Global Sourcing sind ebenfalls bekannt und das Unternehmen verfügt über Erfahrungen in diesem Bereich. Sie befinden sich also auf dem richtigen Weg. Sie haben aber längst noch nicht alle Potenziale ausgeschöpft. Machen Sie also konsequent weiter und klären Sie gemeinsam mit den zuständigen Mitarbeitern, wie Sie es gemeinsam schaffen, Aussagen, die bei dem Selbsttest mit »Nein« beantwortet werden mussten, in Zukunft bejahen zu können. Damit stellen Sie die Weichen eindeutig auf nachhaltiges Ertragswachstum.

45 bis 35 Punkte: Ein befriedigendes bis ausreichendes Ergebnis. Bei Ihnen genießt Beschaffungsmanagement höhere Priorität als in anderen Unternehmen. Die modernen Tools einer renditeorientierten Beschaffung sind Ihnen bekannt. Klären Sie aber mit den Einkäufern, ob sie diese Instrumentarien tatsächlich beherrschen und ausreichend nutzen. Das gilt ebenfalls für Global Sourcing. In diesem Bereich können und müssen Sie noch viel effizienter arbeiten. Am besten fangen Sie gleich an und machen Ihre Beschaffung zu einem wesentlichen Renditemotor für das Unternehmen.

34 bis 10 Punkte: Leider ein unbefriedigendes Ergebnis. Modernes Beschaffungsmanagement und Global Sourcing scheinen zumindest für einige Ihrer Einkäufer noch Fremdwörter zu sein. Es ist deshalb höchste Zeit, tätig zu werden, wenn Sie nicht riskieren wollen, im immer härteren Wettbewerb zu den Verlierern zu gehören. Es besteht akuter Weiterbildungsbedarf. Um Defizite auszugleichen gibt es Fachliteratur sowie eine Reihe von Seminaren. Möglicherweise kommen Sie auch nicht umhin, die Beschaffung völlig neu zu strukturieren. Lassen Sie sich deshalb von spezialisierten Experten unterstützen.

9 bis 0 Punkte: Alarmstufe eins. Ihr Einkauf beschränkt sich nach wie vor darauf, im Wesentlichen operative Tätigkeiten durchzuführen. Möglicherweise begründet sich dies mit dem geringen Stellenwert, der diesem Ressort eingeräumt wird und der daraus resultierenden Demotivation der Beschaffer. Starten Sie deshalb schnellstmöglich einen Neuanfang. Bisher lassen Sie enorme Ertragsquellen ungenutzt. Das Unternehmen läuft Gefahr, schlimmstenfalls in die Verlustzone zu geraten.

Kaum ein Unternehmen vollbringt also im Bereich Beschaffungsmanagement heute schon absolute Höchstleistungen. Es gibt also viel zu tun. Denn sonst besteht die Gefahr, dass Sie zumindest langfristig zu den Verlierern im internationalen Wettbewerb zählen werden.

Umfassende Datenerhebung – Klare Entscheidung für oder gegen Global Sourcing

Global Sourcing gehört zu den wesentlichen Erfolgswerkzeugen zukunftsorientierter Unternehmer, die auf nachhaltiges, profitables Wachstum setzen und sich deutlich von ihren Wettbewerbern differenzieren wollen. Auf den vorangegangenen Seiten wurde bereits erläutert, dass beispielsweise hohe Logistikaufwendungen oder notwendige Kosten für die Qualitätssicherung das erzielbare Einsparpotenzial übersteigen können. Um eine Entscheidung zu fällen, ob es tatsächlich betriebswirtschaftlich Sinn macht, ein Produkt oder Material im Ausland zu beschaffen, hilft ein dreistufiges Verfahren. Es beginnt mit der Produktwertanalyse und der Materialgruppenanalyse. In Stufe drei folgt eine Kostenanalyse.

1. Die Produktwertanalyse

Wenn es darum geht, regelmäßige Bestellungen an Lieferanten weiterzuleiten, reagieren viele traditionell orientierte Einkäufer relativ mechanisch und erledigen nur die notwendigen Formalitäten. Die Folge: Nach wie vor werden gleiche, häufig unnötig teure Materialien eingesetzt und aufwändige Produktionsverfahren angewendet, die möglicherweise längst überholt sind. Eine Produktwertanalyse verhindert nicht nur diese Geldverschwendung. Mehr noch:

Das Verfahren schafft die Basis, dass die vorgegebenen Eigenschaften und Funktionen des Produktes erhalten bleiben, in einigen Fällen sogar optimiert werden können – trotz überzeugender Kostenreduzierung. Zusätzlich spart man Zeit und Ressourcen. Solche Effekte kann der Einkauf natürlich nicht im Alleingang bewirken. Er muss dabei von Forschung und Entwicklung, Produktion, Lagerhaltung, Vertrieb und der Serviceabteilung unterstützt werden. Auch die frühzeitige Integration des Lieferanten ist möglich, sollte aber immer in Abhängigkeit des zu analysierenden Produktes, der Komponente oder des Systems erfolgen.

Bei den gemeinsamen Abstimmungsgesprächen, an denen Vertreter der genannten Ressorts und aus unterschiedlichen Hierarchiestufen teilnehmen, wird das jeweilige Produkt in seine Einzelteile zerlegt und nach kreativen Verbesserungsmöglichkeiten gesucht. Dabei trennt man die strategisch wichtigen Komponenten von den Teilen, die bei der Produktion problemlos durch andere ersetzbar sind. Diese strategisch unwichtigen Artikel lassen sich oftmals mit Hilfe von Global Sourcing wesentlich preiswerter beschaffen als über den herkömmlichen Beschaffungsweg.

Die Produktwertanalyse kann auch als verlässliches Instrumentarium genutzt werden, um die im Rahmen des Target Costing identifizierten, überteuerten Einzelteile durch neue, technologisch und betriebswirtschaftlich effizientere Lösungen zu ersetzen.

Allerdings dürfen Sie vor dem Hintergrund vielfältiger Einsparmöglichkeiten durch kreative Produktwertanalysen nicht vergessen, dass jedes Produkt einen Sensibilitätsgrad besitzt, der, wenn er überschritten wird, die Wertigkeit des Artikels beim Verbraucher vermindert und dementsprechend die Attraktivität des Gutes sinkt.

Bei dem Ansatz, Produktwertanalysen durchzuführen stoßen externe Experten häufig auf erheblichen Widerstand. Nur zu ungern trennt man sich von bewährten Produktteilen. Häufig beobachtet man auch, dass zwar die Produktwertanalyse an sich positiv gesehen wird, allerdings diese häufig mit so genannten Standardisierungsansätzen verwechselt oder vermischt wird. Bei Standardisierungsprojekten geht es darum, ähnliche Produkte oder Warengruppen, die an unterschiedlichen Standorten bezogen und eingesetzt werden, zu harmonisieren, also zu standardisieren. Wir kennen dies beispielsweise von der Automobilindustrie, wo ein und dieselbe Plattform des Chassis in unterschiedlichen Modellen eingesetzt wird. Die Plattform an sich ist standardisiert, somit über mehrere Standorte und Einsatzgebiete bündelungsfähig. Kostenvorteile sind erzielbar. Die Standardisierung hat somit nur indirekten Bezug zur Wertanalyse. Sowohl Wertanalyse als auch Standardisierungsprozesse sollten übrigens immer extern neutral moderiert werden. Viel zu oft mussten wir erleben, dass die Instrumentarien falsch verstanden wurden. Unter dem Motto, jetzt habe ich ein letztes Mal die Gelegenheit, Einfluss auf die Gestaltung des Produktes zu nehmen, wird der potenzielle Kosteneinsparungseffekt schnell vergessen und die Zusammensetzung des Produktes gerät zum Wunschkonzert der Techniker. Die Identifikation von global beschaffbaren Einzelteilen wird damit verwässert und der Global-Sourcing-Prozess hört auf, bevor er tatsächlich angefangen hat.

2. Die Materialgruppenanalyse

Dieses Verfahren wird in der Praxis parallel oder ergänzend zur Produktwertanalyse durchgeführt. Dabei ist es wiederum das Ziel zu ermitteln, welche Materialgruppen sich für das Global Sourcing eignen. Denn prinzipiell zeigt die Erfahrung, dass von den eingekauften Warengruppen eine Vielzahl direkt Global-Sourcing-fähig ist. Das heißt, auf umfangreichere Wertanalysen kann verzichtet werden. Außerdem muss die F & E nicht davon überzeugt werden, dass ein Teil des Produktes auch in China oder Indien zu beschaffen ist. Das Unternehmen kann also direkt agieren. Schätzungsweise lassen sich mindestens 10 bis 20 Prozent der von Unternehmen beschafften Warengruppen heute direkt in Osteuropa, Indien oder China beziehen. Natürlich erfordert die Identifikation dieser 10 bis 20 Prozent einige Vorarbeiten. Das schreckt leider schon viele Einkaufsmanager ab. Wie so oft, wollen sie Bewährtes nicht verändern. Zudem haben sie auch nicht den Rückhalt aus der technischen Fachabteilung. Die Hausmacht der Ingenieure ist oftmals immer noch zu groß, die Skepsis gegenüber ausländischen Lieferanten und ihren Fähigkeiten erstickt Global-Sourcing-Ansätze des Einkaufs dann schon im Keim. Deshalb muss Global Sourcing zum

Thema der Geschäftsführung oder des Vorstandes werden. Nur so entwickeln sich auch das Bewusstsein in den diversen Abteilungen und die volle Unterstützung des Einkaufs. Hierzu ein Beispiel aus der Elektronikindustrie. Hier identifizierten Global-Sourcing-Experten im Rahmen einer Materialgruppenanalyse Produkte, die sofort global beschaffbar sind. Diese Teile wurden bislang regional eingekauft und in vermeintlich preiswerter Heimarbeit weiter verarbeitet. Durch den Global-Sourcing-Ansatz gelang es, diese Produkte nicht nur kostengünstiger zu beschaffen, sondern gleichzeitig einen ausländischen Lieferanten zu finden, der jetzt auch noch die Weiterverarbeitung übernimmt. Eine doppelte Kostenersparnis für unseren Kunden.

Wie aber werden Materialgruppenanalysen durchgeführt? Bei diesen Verfahren erfolgt im ersten Schritt eine pragmatische ABC-Analyse. Sie ist de facto ein universell einsetzbares Instrumentarium zur Trennung der besonders bedeutsamen Materialgruppen (zum Beispiel Haupt-Rohstoffe) von Materialgruppen mit geringerer Bedeutung. Sie lässt sich besonders zur Analyse von Mengen-Wert-Relationen nutzen. Die im Rahmen der ABC-Analyse identifizierten unwesentlichen Materialgruppen sind in der Regel – vorausgesetzt das Volumen ist ausreichend – für Global Sourcing geeignet. Gewarnt sei allerdings auch hier erneut vor einer zu pragmatischen mengenbezogenen Anwendung. Erst die Kombination mit entsprechenden wertbezogenen Relationen gibt wirklich Sicherheit, welche Materialgruppen global beschafft werden können. Beispielsweise können Sie wertmäßig (Wert/Stück) völlig unwesentliche Materialgruppen in großer Menge einkaufen. Durch das große Volumen würden Sie zum Ergebnis kommen, dass es sich bei dieser Materialgruppe doch um eine wesentliche Gruppe handelt, die national zu beschaffen ist. Durch Global Sourcing ließen sich aber zusätzlich 10 bis 15 Prozentpunkte einsparen. Beim Wert pro Stück ist das natürlich unwesentlich, in der für die Produktion geforderten Menge ergibt sich allerdings ein zusätzlicher enormer Einsparungseffekt. Bei der Materialgruppenanalyse empfiehlt sich häufig eine XYZ-Analyse. Sie ermöglicht Materialgruppen zu klassifizieren. Die Klassifizierung erfolgt nach dem Verbrauchsverhalten. Üblicherweise werden drei Verbrauchsklassen definiert beziehungsweise differenziert. Die X-Klasse umschreibt einen konstanten Verbrauch an Material einhergehend mit einer hohen Vorhersagegenauigkeit, die Y-Klasse steht für einen trendartigen beziehungsweise saisonalen Verbrauch mit entsprechend mittlerer Vorhersagegenauigkeit und Z klassifiziert Materialgruppen mit einem unregelmäßigen Verbrauch und extrem geringer Vorhersagegenauigkeit. Materialgruppen der Klasse X sind grundsätzlich für Global Sourcing prädestiniert. Diese Materialen werden konstant in der Organisation nachgefragt, gelten somit für Einkaufsorganisationen als wiederkehrende, häufig beschaffte Materialgruppen. Erfahrungswerte jeglicher Art wie die Leistungsfähigkeit der Lieferanten, Markt- sowie Preisentwicklungen und so weiter gibt es, so dass auch ein potenzieller Vorteil durch Global Sourcing schnell quantifizierbar ist. Sind die ABC- und die XYZ-Analyse durchgeführt, wurden unterschiedliche Materialgruppen als Global-Sourcing-fähig identifiziert, sollten Sie einen ersten Fragenkatalog durcharbeiten, um den Kreis wirklich global beschaffbarer Materialien weiter einzukreisen. Hierzu zählen unter anderem:

- *Handelt es sich um kritische oder unkritische Produkte?* Bei dieser Entscheidung sollte eng mit den Technikern des Unternehmens zusammengearbeitet werden. Diese Mitarbeiter reagieren jedoch häufig zurückhaltend, wenn man ihnen mitteilt, dass darüber nachgedacht wird, in Zukunft Material aus dem Ausland zu beziehen. Die enge Einbindung in den Entscheidungsprozess hilft in den meisten Fällen Vorbehalte abzubauen. Außerdem sollte das Know-how von Forschung und Entwicklung sowie der Produktion natürlich nicht ungenutzt bleiben.
- *Welche logistischen Anforderungen sind zu beachten?* Hier geht es darum, festzustellen, ob möglicherweise die eingeschränkte Haltbarkeitsdauer oder Ausmaße und Gewicht der Produkte aufwändige logistische Maßnahmen notwendig machen. Sind Just-in-Time-Anforderungen gegeben, heißt das nicht, dass das Produkt nicht Global-Sourcing-fähig ist, sondern dass Zwischenlager aufgebaut werden müssen, um den Produktionsprozess weiterhin sicherzustellen.
- *Bestehen besondere Vorschriften für die Einfuhr der betreffenden Produkte und wie hoch sind die Zollsätze?* Die Erledigung büro-

kratischer Auflagen und hoher Forderungen des Zolls können die globale Beschaffung für eine oder mehrere Materialgruppen unattraktiv machen.
– *Wie planbar sind die Bedarfsmengen?* Was beim Local Sourcing gilt, trifft auch auf Global Sourcing zu: je größer die Bestellvolumen, desto großzügiger sind die Lieferanten mit Zugeständnissen bei Konditionen und Preisen.

Die Entscheidung für oder gegen Global Sourcing eines Produktes im Rahmen einer Materialgruppenanalyse hängt also von vielfältigen Kriterien ab, die schließlich noch um eine detaillierte Kostenanalyse mit Hilfe einer Total-Cost-of-Ownership-Betrachtung zu ergänzen ist.

3. Total Cost of Ownership

In der Vergangenheit galt der aktuelle Preis für viele Einkäufer als wichtigste Entscheidungsgrundlage. Die Zeiten sind vorbei. Inzwischen hat sich Total Cost of Ownership (TCO) zum ausschlaggebenden Kriterium bei der Kostenfrage entwickelt. Dieses Verfahren erfasst, neben dem Preis der Ware, sämtliche Kosten für das Produkt von der Entwicklungsphase bis zum Recycling und betrachtet den gesamten Lebenszyklus. Die Betrachtung führt dazu, dass ein Anbieter, der sein Produkt zu einem höheren Betrag verkaufen will als sein Wettbewerber, durchaus Chancen hat, den Auftrag zu bekommen. Dann nämlich, wenn er den Kunden beispielsweise mit attraktiven Lieferintervallen dabei hilft, ihre Kapitalbindung zu reduzieren und Lagerkosten zu sparen, also Just-in-Time liefert. Just-in-Time funktioniert auch beim Global Sourcing – zum Beispiel, wenn der Lieferant bereit ist, für seinen Kunden ein so genanntes Konsignationslager einzurichten. Er kann dort bei Bedarf Waren entnehmen und muss sie auch dann erst bezahlen. Damit lassen sich höhere Produktpreise in der Praxis durchaus durch eingesparte Zusatzkosten kompensieren.

Prinzipiell sollte der Total-Cost-of-Ownership-Ansatz beim Gobal Sourcing zwar durchaus auch Aspekte des gesamten Lebenszyklus eines Produktes oder einer Dienstleistung betrachten. Allerdings wollen wir das Hauptaugenmerk auf die durch Global Sourcing zusätzlichen beziehungsweise in einer anderen Form entstehenden Kosten konzentrieren. Letztlich rechnet sich der strategische globale Einkauf nur, wenn die gesamten Einsparungen deutlich höher sind als die Kosten für die internationale Beschaffung. Es muss also günstiger sein, weltweit zu beschaffen als regional.

Im Einzelnen sollten lieferantenbezogene Kostenfaktoren und Kosten in Verbindung mit Global Sourcing erhoben werden. Folgende Kostenfaktoren sollte man ermitteln und analysieren:

1. Lieferantenbezogene Kosten
– Direkte Produktkosten
  - Herstellkosten
  - Entwicklungskosten
  - Verpackungskosten
  - Frachtkosten (Luftfracht, Seefracht, Bahnfracht, Lkw-Fracht)
  - Zahlungsbedingungen, zum Beispiel Skonto
  - Zollsätze
  - Versicherungen
– Indirekte Produktkosten
  - Entsorgungs- und Wiederaufbereitungskosten
  - Werkzeugkosten
  - Serienanlaufkosten
  - Reparatur- und Servicekosten
  - Kosten für die Kommunikation mit Abnehmerunternehmen
  - Kosten zur Versorgungssicherung, zum Beispiel Aufbau eines Lagers
  - Kosten für Qualitätssicherung
  - Finanzierungskosten

Die hier – exemplarisch – aufgeführten lieferantenbezogenen Kosten sind natürlich nicht eins zu eins einseitig vom Lieferanten zu tragen. In der Regel werden die aufgeführten Kostenblöcke partiell vom Käufer übernommen. Insbesondere versucht man, die Einrichtung von Zwischenlagern auf den Abnehmer zu übertragen. Auch sind sämtliche Zoll- oder sonstige logistikbezogene Kosten integraler Bestandteil der Preiszusammensetzung. Auch hier muss der Abnehmer entsprechend gewarnt sein. Sind diese Kosten bereits in den Produktpreis integriert, oder kommen diese zusätzlich hinzu? Letztlich müssen Sie also versuchen, sämtliche direkten und indirekten lieferantenbezogenen Kosten zu identifizieren, um dann nicht nur den tatsächlichen Gesamtpreis pro Produkt kalkulieren zu können, sondern auch relativ zum regionalen Lieferanten den Preisvorteil des internationalen Lieferanten quantifizieren zu können. In einem nächsten Schritt sind nun zusätzliche Kosten zu erheben, die durch Global Sourcing entstehen.

2. Abnehmerbezogene Kosten
– Global-Sourcing-bezogene Prozesskosten
  - Recherchekosten in Verbindung mit der Identifikation der Global-Sourcing-fähigen Produkte und Materialgruppen
  - Informationskosten beim Markt-Screening
  - Abstimmungskosten bei Festlegung der Bedarfsspezifikation
  - Suchkosten, Informationskosten, Kommunikationskosten in Zusammenhang mit internationalen Ausschreibungen und der Identifikation von Lieferanten
  - Anbahnungs- und Vereinbarungskosten in Zusammenhang mit der finalen Beauftragung eines Produktes oder einer Materialgruppe an einen Lieferanten
  - Kontroll- und Koordinationskosten im Rahmen der Produktlieferung bzw. des gesamten Global-Sourcing-Controllings

Zu den abnehmerbezogenen Kosten, also den zusätzlichen Kosten, gehören in erster Linie die mit Global Sourcing in Zusammenhang stehenden Prozesskosten. Deren Quantifizierung ist möglich, allerdings auch nicht immer hilfreich. Wie wollen Sie beispielsweise die durch das Markt-Screening entstehenden Suchkosten mit den Erfahrungswerten, die Ihre Beschaffungsorganisation durch Global Sourcing aufbaut, verrechnen? Natürlich lassen sich sämtliche Prozesskosten erheben, quantifizieren, gegenrechnen. Nutzen Sie diese aber nicht, um Argumente gegen Global Sourcing aufzubauen. Geben Sie Ihrer Organisation die notwendige Zeit, sich mit

Global Sourcing zu beschäftigen. Dann werden die Ersparnisse durch Global Sourcing die entstehenden Prozesskosten rasch wieder kompensieren beziehungsweise deutlich übertreffen.

Mit den Erkenntnissen aus Produktwert- und Materialgruppenanalyse sowie der Total-Cost-of-Ownership-Betrachtung verfügt ein Unternehmen über ein gesichertes Fundament, um eine Global-Sourcing-Entscheidung treffen zu können. Welche Daten sollten aber vorliegen, damit eine Produktwertanalyse, eine Materialgruppenanalyse sowie eine Total-Cost-of-Ownership-Betrachtung durchzuführen ist? Experten empfehlen, die notwendige Datenerhebung und deren Analyse ebenfalls in einem dreistufigen Verfahren durchzuführen:

1. Schritt: Die Sichtung der vorhandenen Datenbasis.
2. Schritt: Die Vervollständigung der Datenbasis. Nur aktuelle Datenbestände führen zu aussagefähigen Bewertungen. Wichtig für eine Global-Sourcing-Entscheidung: Prüfen Sie, ob die vorhandenen Spezifikationen detailliert genug sind und zumindest in Englisch vorliegen.
3. Schritt: Die Auswertung der Datenbasis. Dazu gehören beispielsweise die Bestellmengen-/Bestellwertanalyse sowie die Analyse der Lieferbedingungen und Verträge zum Beispiel nach Laufzeiten und Konditionen. Aus den Ergebnissen lassen sich meist interessante Standardisierungspotenziale ableiten.

Diese Daten sollten Ihnen zur Verfügung stehen:

Marktanalyse (national und international)
– Markt- und Branchenreports

Stammdaten
– Lieferantenstammdaten
– Materialstammdaten
– Preis- und Rabattstammdaten

Spezifikationen und Proben

Daten aus der Finanzbuchhaltung
- Kontierungsdaten
- Kreditorendaten

Daten aus der Materialwirtschaft
- Erfasste Daten aus dem Warenwirtschaftssystem
- Bestelldaten
- Erfasste und ausgewertete Kreditorendaten
- Quantitativ erfasste Beschaffungsvolumina
- Analyse von Bedarfsanforderungen
- Rechnungsanalysen
- Frühere Bestellungen
- Preise und Konditionen aus der Vergangenheit
- Verteilung des Beschaffungsvolumens auf Lieferanten, die so genannte ABC-Analyse
- Verteilung des Beschaffungsvolumens auf Warengruppen

Interne Datenstruktur
- Kontenplan
- Kostenstellen-, Kostenträgerstruktur
- Warengruppenstruktur
- Materialklassifizierung (zum Beispiel sensibel/unsensibel, produktionsrelevant/nicht produktionsrelevant)

Sie kommen auch nicht umhin, die internen Prozesse Ihrer Beschaffungsorganisation zu durchleuchten. Wie ist die Beschaffungsorganisation aufgebaut, wie sind Ablaufstrukturen organisiert? Wer kommuniziert mit wem, wer ist in welche Beschaffungsprozesse wie involviert, wie sind Querschnittsfunktionen zu relevanten Fachabteilungen strukturiert, in welcher Form kommuniziert die Beschaffungsabteilung mit Bereichen wie Forschung & Entwicklung, Produktion, Qualitätssicherung, Lagermanagement, Vertrieb, Finanzen/Rechnungswesen/Controlling? Dies sind nur einige Fragen, die es im Rahmen dieser Analyse zu beantworten gilt. Nur wer die Ist-Situation seiner heutigen Beschaffung kennt, ihre Stärken und ihre Schwächen, wird fähig sein, Global Sourcing als Beschaffungsstrategie ganzheitlich und nachhaltig zu etablieren.

Die detaillierte Produktspezifikation – Voraussetzung für vergleichbare Angebote

Erst die genaue schriftliche Definition der Produktdetails und -anforderungen macht es möglich, eine Erfolg versprechende Suche nach geeigneten Lieferanten zu starten und zu vergleichbaren Angeboten zu kommen. Das gilt für Global Sourcing noch mehr als für Local Sourcing. Denn in Deutschland können die Unternehmen beispielsweise davon ausgehen, dass mögliche Zulieferer die notwendigen Normen nicht nur kennen, sondern sich auch daran halten.

Einige Leser werden vielleicht einwenden, bei der Suche nach zuverlässigen ausländischen Lieferanten müsse man zumindest in der ersten Zeit verdeckt agieren, um Produktpiraterie von vornherein zu unterbinden. Die Weitergabe genauer Daten sei deshalb eher gefährlich als förderlich. Diese Befürchtungen sind meist nur zum Teil berechtigt und lassen sich oft sogar beseitigen oder zumindest auf ein minimales Risiko beschränken. Häufig genügt es nämlich schon, wenn die Abmessungen des gewünschten Produktes minimal verändert werden und es damit ein leicht verändertes Aussehen bekommt. Außerdem sollte man nicht gleich eine ganze Warengruppe ausschreiben und so mögliche Rückschlüsse auf das Produkt zulassen. Es genügt, bei der ersten Kontaktaufnahme nur ganz wenige Produkte anzufragen, um trotzdem aussagefähige Informationen zu bekommen. Bei Anfragen in Indien, Osteuropa und der Türkei ist die Furcht vor einem Ideenklau ohnehin ziemlich unbegründet.

Diese Informationen müssen Sie über die Produkte an potenzielle ausländische Lieferanten weitergeben:

1. Artikelbezeichnung
2. Stückzahl/Menge
3. Bedarfszeitraum
4. Zahl der Abrufe
5. Technische Daten (zum Beispiel Länge, Höhe, Breite)
6. Materialanforderungen
7. Zugelassene Toleranzen

8. Technische Zeichnung (möglichst als 3-D-Datei)
9. Produktabbildung
10. Produktmuster
11. Internationale Normen/Zertifizierungen (Die DIN-Norm reicht nicht aus. Bei Lebensmitteln muss der Lieferant häufig über internationale Zertifikate verfügen.)
12. Haltbarkeitserfordernisse
    - für das Produkt
    - für das Werkzeug
13. Verpackungsart (zum Beispiel Europalette)
14. Verpackungseinheit
15. Ökologische Anforderungen (zum Beispiel Verpackungsrücknahme, Recycling, Wiederaufbereitung)
16. Gewährleistungen
17. Logistikanforderungen

Formulieren Sie das Anforderungsprofil bei Anfragen an bislang unbekannte Lieferanten in Indien, Osteuropa und der Türkei in englischer Sprache. Das gilt auch für Zeichnungen. Wer in China sourcen will, sollte einen erfahrenen Dolmetscher einschalten und die Produktspezifikation auf Chinesisch formulieren. Längst nicht alle Unternehmen im Reich der Mitte verfügen über ausreichende Englischkenntnisse. Bedenken Sie, dass eine in Englisch oder Chinesisch formulierte Anfrage auch in der jeweiligen Sprache beantwortet wird.

Welches Land ist für welche Produkte geeignet

In kaum einem Land müssen Unternehmer derartig hohe Lohn- und Lohnnebenkosten tragen wie in Deutschland. Da klingt es fast schon unglaublich, dass ein chinesischer Produktionsarbeiter nur rund 10 Euro-Cent pro Stunde verdient und dennoch gute Leistungen vollbringt. Ein Arbeiter in einem deutschen Unternehmen bekommt im Durchschnitt das 150- bis 200fache, also zwischen 15 und 20 Euro pro Stunde. Diese gewaltige Differenz scheint zwar auf den ersten Blick höchst attraktiv. Sie darf aber nicht zum alleinigen Entscheidungskriterium werden. Günstig einzukaufen, aber dafür

Ware in minderer Qualität zu bekommen, genügt keinem Unternehmen. Die Anforderungen an ein im Ausland beschafftes Produkt sind in der Regel wesentlich komplexer. So hat es natürlich dieselben Qualitätskriterien zu erfüllen wie in Deutschland oder muss kurzfristig verfügbar sein. Das sind Voraussetzungen, die Lieferanten aus längst nicht allen Niedriglohnländern zur vollen Zufriedenheit ihrer Kunden erfüllen können. Der Firmenlenker muss also entscheiden, in welchem Land er vermutlich die effizienteste Kombination aus niedrigen Lohn- und Materialkosten und seinen individuellen Anforderungskriterien geboten bekommt.

Allerdings ist grundsätzlich davon abzuraten, die komplette Beschaffung auf Dauer in nur ein Land zu verlagern. Es ist stattdessen empfehlenswert, nachdem erste Erfahrungen mit Global Sourcing gesammelt wurden, auch in einer zweiten attraktiven Region nach leistungsfähigen und zuverlässigen Lieferanten zu suchen. Damit werden Abhängigkeiten von den Zulieferern vermieden und Risiken durch plötzliche politische Veränderungen, Streiks oder Naturkatastrophen auf ein Mindestmaß reduziert.

Längst nicht immer hält ein Land, das sich den Ruf eines Einkaufsparadieses für eine bestimmte Branche erworben hat, diese Spitzenposition. Beispiel: die Türkei. Hier wurden noch vor ein paar Jahren konkurrenzlos günstige Textilien gefertigt. Heute hat die chinesische Textilindustrie den Türken längst den Rang abgelaufen. Die türkische Industrie konzentriert sich verstärkt auf neue Bereiche. Ein typischer Trend, der auch in anderen Bereichen zu beobachten ist. So wurde beispielsweise vor nicht allzu langer Zeit, die Produktion von einfachen Teilen gerne nach Ungarn vergeben. Heute liefert das Land längst komplexe Technologie und produziert für deutsche Automobilhersteller erfolgreiche Modellreihen. Unternehmen aus der ehemaligen Sowjetunion oder Rumänien haben von Ungarn die Fertigung der wenig anspruchsvollen Güter übernommen.

China, Indien, die Türkei sowie die Staaten Osteuropas sind derzeit die interessantesten Länder für effizientes Global Sourcing. Gezielt werden Regionen in diesen Ländern staatlich unterstützt. So entstehen regionale Kompetenzcenter für ganze Branchen. Erkundigen Sie sich nach diesen Regionen, das erleichtert den Zugang zu Produktspezialisten beim Global Sourcing enorm. Die Kompetenzen der Unternehmen in den Ländern, die technologische Ausstattung sowie die Qualifikation ihrer Mitarbeiter sind jedoch oft höchst unterschiedlich. Die Abbildung 6 gibt einen ersten Überblick, welche Produkte in den wichtigsten Beschaffungsmärkten der Welt besonders günstig und in der gewünschten Qualität zu beschaffen sind:

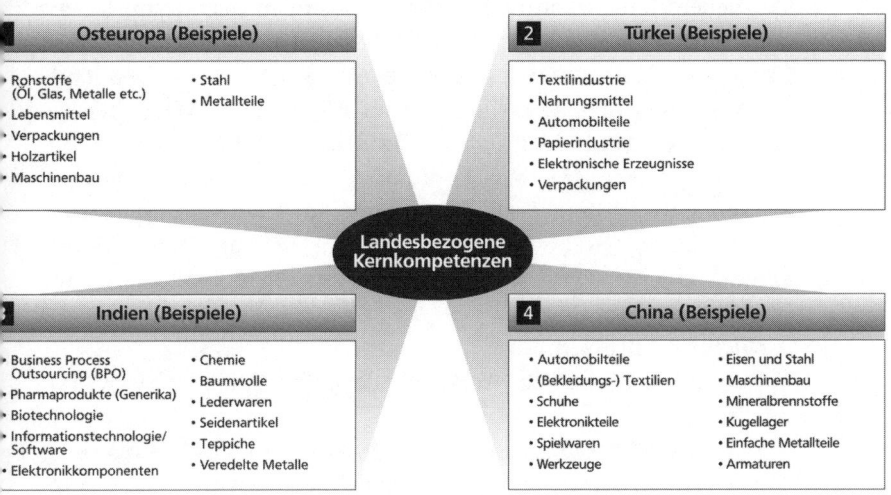

Abb. 6 Landesbezogene Kernkompetenzen
Quelle: Kerkhoff Consulting

Bitte sehen Sie diese Einteilung nicht als strenge Vorgabe an und verlassen Sie sich nicht ausschließlich auf eine Region oder ein Land. Produktkompetenzen müssen immer wieder überprüft werden. So hat sich beispielsweise ein Nahrungsmittelfabrikant beim Einkauf von Südfrüchten jahrzehntelang auf seinen Agenten im pazifischen Raum verlassen. Entsprechend überrascht war dieses Unternehmen, als ihm Alternativlieferanten aus Afrika und Südamerika präsentiert wurden, die seinen Jahresbedarf an Südfrüchten deutlich preisgünstiger decken konnten.

China: Ideal für einfache Massenprodukte

Die chinesische Industrie setzt alles daran, möglichst schnell europäisches Niveau zu erreichen. Derzeit sind die meisten Unternehmen jedoch noch ein ganzes Stück von diesem Ziel entfernt. Wer deshalb davon ausgeht, jetzt schon Produkte von höchster Qualität geliefert zu bekommen, wird vor allem in der Startphase oft enttäuscht. Vieles, was hierzulande als selbstverständlich gilt, ist in China unbekannt beziehungsweise erst nach längeren, zeitaufwändigen und manchmal auch nervenaufreibenden Versuchen erreichbar. Der Markt bleibt aber trotz dieser Vorbehalte eine ideale Region, um einfache Massenprodukte zu beispiellos günstigen Preisen einzukaufen. Fast der gesamte internationale Spielzeugmarkt wird inzwischen von chinesischen Unternehmen beliefert. Keine Warenhauskette verzichtet im preiswerten Textilbereich auf Importe aus China.

Wichtige Adressen:
– Bundesagentur für Außenhandelsinformationen, www.bfai. com
– Deutsche Handelskammer in China, www.china.ahk.de
– German Centre of Industry and Trade, www.germancentre. org.cn.

So wird regionale Wirtschaftspolitik in China gemacht – zum Beispiel in der Region Guangdong

Die Provinz an der Küste des südchinesischen Meeres steht zwar nicht so im Mittelpunkt des Interesses, wie die Wirtschaftsmetropole Shanghai, die sich anschickt, anderen Weltstädten den Rang abzulaufen. Dennoch zählt Guangdong zu den reichsten und prosperierendsten Regionen im Reich der Mitte. Orte wie die Hauptstadt Guangzhou oder Shenzen zählen inzwischen zu den attraktivsten Wirtschaftsregionen. Auch andere Großstädte wie Shantou oder Zhuhai entwickeln sich dynamisch.

Der Grund für diesen positiven Trend liegt zum einen in der Tatsache, dass in Guangdong, lange vor den anderen Provinzen, marktwirtschaftliche Strukturen ausprobiert wurden. Heute gehört die Provinz zu den Regionen, die im Bereich soziale Marktwirtschaft die meisten Fortschritte erzielt haben. Solche Rahmenbedingungen wirken sich natürlich auf das Interesse möglicher Investoren aus und prägen das Bild der Wirtschaft entscheidend. So liegt die Zahl der privat geführten Unternehmen in Guangdong deutlich über der Quote in den anderen Provinzen.

Vor allem die Leichtindustrie engagiert sich in der Region im Süden der Volksrepublik. Zu den wichtigsten Produkten gehören Textilien, Baustoffe, Lebensmittel, Elektronik und Haushaltsgeräte. Die Fahrzeugindustrie erzielt derzeit besonders hohe Wachstumsraten. Das breite Leistungsportfolio wirkt sich auch auf den internationalen Handel aus: Nirgendwo in China wird mehr exportiert und mehr importiert. Die Vereinigten Staaten und Europa gehören zu den wichtigsten Abnehmern.

Die Weichen für weiteres Wachstum sind gestellt. Das Straßennetz ist hervorragend ausgebaut, so gut wie in keiner anderen chinesischen Region. Die Telekommunikation befindet sich fast überall auf höchstem internationalen Niveau.

Indien: High-Tech-Produkte und hoch qualifizierte Dienstleistungen

Indien gehört mittlerweile zu den innovativsten und leistungsstärksten Nationen in der Informationstechnologie, Pharmazie oder Biotechnologie. Im Bereich BPO steht das Land auf einer weltweit unangefochtenen Spitzenposition und ist mit Hochdruck dabei, diese führende Rolle auszubauen. Die personellen Ressourcen für weiteres Wachstum und hohe Innovationskraft sind ausreichend vorhanden. Indische Ingenieure und Techniker verfügen in der Regel über eine hervorragende Ausbildung und stehen ihren europäischen Berufskollegen in nichts nach.

Wichtige Adressen:
- Bundesagentur für Außenhandelsinformationen, www.bfai. com
- Deutsch-Indische Handelskammer, www.indogerman.com.

**So wird regionale Wirtschaftspolitik in Indien gemacht –
zum Beispiel in Bangalore**

Mit rund 4,6 Millionen Einwohnern gehört die Metropole des
indischen Bundesstaates Karnataka zu den größten Städten des
Landes – nach Mumbai und Delhi. In Bangalore hat sich nicht nur
die indische Luft- und Raumfahrtindustrie angesiedelt. Immer häufiger errichten viele nationale und internationale High-Tech-Unternehmen hier ihre Firmensitze oder -niederlassungen. Durch die rasante Entwicklung zu einer der IT-Hochburgen des Landes erhielt
Bangalore den Beinamen »indisches Silicon Valley«.

Die Liste der internationalen Unternehmen wird immer länger.
Die Großen der High-Tech- und IT-Branche sind natürlich längst
vor Ort und haben sich in einem der großzügigen Industrieparks
etabliert. Dazu gehören unter anderem SAP, Motorola, IBM oder
Siemens. Die Voraussetzungen, das notwendige hoch qualifizierte
Personal zu finden, sind ausgezeichnet. In der Stadt, die wegen ihrer vielen Parks auch »Gartenstadt« genannt wird, gibt es ein ausreichendes Reservoir an erstklassigen Informatikern, die ihre Dienste zu durchaus vertretbaren Honoraren anbieten.

Genauso qualifiziert wie die Informatiker sind die Mitarbeiter
anderer IT-naher Berufszweige. Sogar die weltweit tätige Nachrichtenagentur Reuters lässt seit 2004 in der südindischen Stadt internationale Firmendaten erfassen und für die Abonnenten aufbereiten.

Nicht zuletzt hat sich in der Millionen-Stadt die Biotechnologie
zu einer tragenden Säule des nachhaltigen wirtschaftlichen Aufschwungs entwickelt. Fast die Hälfte aller indischen Unternehmen
aus diesem Bereich sind in Bangalore tätig.

Die positive Entwicklung spiegelt sich jedoch nicht in der Infrastruktur wider. Das Straßennetz ist in einem beklagenswerten Zustand. Der öffentliche Nahverkehr beschränkt sich weitgehend auf
restlos übersetzte Busse. Der Flughafen ist viel zu klein, soll aber
in Kürze neu gebaut werden. Es herrscht also Nachholbedarf.

Türkei: Gutes Potenzial für komplexe Massenprodukte

Die Türkei hat sich in den vergangenen Jahren kontinuierlich vom Lieferanten für Wühltisch-Waren zum Spezialisten für höherwertige Güter entwickelt, die in großer Stückzahl hergestellt werden. Die Zeiten sind vorbei, in denen hier nur »Billig-Jeans« gefertigt wurden. Die Türkei ist heute ein attraktiver Beschaffungsmarkt für komplexere Produkte. Die in den letzten Jahren erworbene Kompetenz in der Textilfertigung wird genutzt, um modische Bekleidung zu produzieren. Mit Erfolg – italienische und französische Modemacher lassen ihre Entwürfe inzwischen gerne in türkischen Fabriken umsetzen. Mit dem Bereich Industrietextilien ist die Türkei auf dem besten Weg eine internationale Spitzenposition zu erwerben und sich damit in dieser dynamisch wachsenden Sparte überzeugend zu etablieren. Aufwändigere Elektronik wird inzwischen ebenfalls gerne von türkischen Lieferanten bezogen. Das gilt auch für aufwändigere Verpackungen.

Wichtige Adressen:
- Bundesagentur für Außenhandelsinformationen, www.bfai.com
- Deutsch-Türkische Industrie- und Handelskammer, www.dtr-ihk.de
- Gelbe Seiten der deutsch-türkischen Zusammenarbeit, www.ankara.diplo.de/de/03/Gelbe_Seiten/gelbe_seiten.html.

So wird regionale Wirtschaftspolitik in der Türkei gemacht – zum Beispiel in Istanbul

Das frühere Konstantinopel ist heute mit fast 10 Millionen Einwohnern die größte Stadt der Türkei und das Wirtschaftszentrum des Landes. Die Handwerks- und Industriebetriebe konzentrieren sich vor allem auf die Produktion von Textilien und Lebensmitteln. Außerdem gilt Istanbul als interessanter Beschaffungsmarkt für Lederwaren und Keramik. Auch im technologischen Bereich entwickelt sich die Region expansiv. Als Beispiel für diesen positiven Trend steht das Wachstum der Fertigung von Dieselmotoren, Bussen und Traktoren. Die Zunahme der wirtschaftlichen Stärke drückt sich auch in einer enormen Bautätigkeit aus. Überall entstehen neue Konzernzentralen und aufwändige Bürogebäude.

Ein gut ausgebautes Autobahnnetz, der wichtigste Hafen der Türkei, der in letzter Zeit zügig ausgebaut wurde, sowie zwei Flughäfen sorgen für die gute Erreichbarkeit der expansiven Wirtschaftsregion.

Osteuropa: Hohe Produktkompetenz in unserer Nachbarschaft

Vor allem die Automobilindustrie hat Osteuropa als Beschaffungsmarkt und Produktionsstandort entdeckt. Dass sich diese Investitionen lohnen, zeigt unter anderem die Bilanz des Stuttgarter Kühler- und Klimageräte-Produzenten Behr über den Geschäftsverlauf seiner tschechischen Tochtergesellschaft im Jahr 2004. So verkündete das Unternehmen der Presse:»Als Umsatztreiber erwies sich wiederum Behr Czech. Der Umsatz der Gesellschaft stieg um 88 Prozent.«

Die Qualifikation der Mitarbeiter und die produktionstechnische Ausstattung nehmen durch die Förderung der osteuropäischen EU-Beitrittsländer aus den Kassen der Europäischen Gemeinschaft sowie der neuen Verpflichtung, sich dem internationalen Wettbewerb zu stellen, konsequent zu. Osteuropäische Druckereien sind heute beispielsweise häufig in der Lage, ihre westliche Konkurrenz um 40 bis 50 Prozent zu unterbieten und das bei vergleichbarer Qualität. Der Transport der notwendigen Daten erfolgt per Internet. Eingespielte Partnerschaften mit Speditionen sorgen dafür, dass die Produkte innerhalb kürzester Zeit an den Besteller ausgeliefert werden.

Die Unternehmen aus dieser Region werden also zu einem immer wichtigeren Partner für deutsche Firmen, die von Global Sourcing profitieren wollen und auf kurze Lieferzeiten angewiesen sind.

Weitere Informationen zu den wichtigsten osteuropäischen Ländern:

- Bundesagentur für Außenhandelsinformationen, www.bfai. com
- Deutsch-Polnische Industrie- und Handelskammer, www.ihk. pl

- Polen-Portal, www.poland.gov.pl
- Deutsch-Tschechische Industrie- und Handelskammer, www.dtihk.cz
- Portal Tschechien Online, www.tschechien-online.org
- Deutsch-Ungarische Industrie- und Handelskammer, www.duihk.hu.

So wird regionale Wirtschaftspolitik in Ungarn gemacht – zum Beispiel in Györ

Die Stadt Györ im westlichen Pannonien, der »Kleinen Ungarischen Tiefebene«, wurde 1271 gegründet. Im 19. Jahrhundert entwickelte sich hier eine beachtliche Textil- und Maschinenbauindustrie, die noch heute zu den Wachstumstreibern der Region zählt. Die Lage Györs im Mittelpunkt des Städtedreiecks Wien/Budapest/Bratislava verleiht der wirtschaftlichen Entwicklung der Stadt und seiner rund 130 000 Einwohner zusätzliche Schubkraft. Drei Universitäten genießen hohe Anerkennung und sorgen für hoch qualifizierten Nachwuchs.

Die Absolventen werden dringend gebraucht, denn die Region durchlebt einen anhaltenden dynamischen Aufschwung. Vor allem die internationale Automobil- und Automobilzulieferindustrie hat Györ als idealen Standort entdeckt, an dem sich preiswert produzieren lässt und gut ausgebildete Mitarbeiter zur Verfügung stehen. So gilt es inzwischen in beiden Branchen als offenes Geheimnis, dass zwischen der Qualifikation deutscher Arbeitnehmer und ihren ungarischen Kollegen kein gravierender Unterschied besteht – nur die Löhne driften gewaltig auseinander.

Audi gehört zu den Unternehmen, die von den Standortvorteilen profitieren. In der ungarischen Stadt wird nicht nur der sportliche Audi TT gebaut. Seit einigen Jahren findet auch die Endmontage des A 3 in Györ statt. Außerdem entstehen hier inzwischen auch fast alle Motoren für die gesamte Modellpalette des Unternehmens mit Stammsitz im bayerischen Ingolstadt. Der norwegische Konzern Norsk Hydro fertigt an dem begehrten Ort Zylinderköpfe und Motorenblöcke. Und das sind nur zwei Beispiele für internationale Automobilhersteller und -zulieferer, die von den Rahmenbedingungen in Györ profitieren.

Beschaffungsmarktforschung – Der erste Schritt zum optimalen Lieferanten

Eigentlich könnte alles ganz einfach sein. Da trifft man auf einer Fachmesse den Vertreter eines internationalen Zulieferers, der lockt mit einem interessanten Preis und schon ist der Einstieg in das Global Sourcing geschafft, neue Renditequellen sprudeln. Das wäre in der Tat nicht schlecht, in der Praxis funktioniert dieses Vorgehen jedoch nicht. Schöne Worte eines Verkäufers, ansprechend aufgemachte Prospekte und ein paar rudimentäre Informationen über die politische und wirtschaftliche Situation eines neuen Beschaffungsmarktes sind keine ausreichende Basis für eine langfristige Lieferantenbeziehung. Kein potenzieller Auftragnehmer wird Ihnen freiwillig mitteilen, dass es mit der Qualifikation der Arbeitnehmer in seinem Land nicht unbedingt zum Besten steht, politische Unruhen drohen oder die wirtschaftliche Situation seiner Branche bedenklich ist, weil möglicherweise der Nachschub an Rohstoffen fehlt. Das heißt, Sie müssen die Initiative ergreifen und aktiv strategische Beschaffungsmarktforschung betreiben.

Die Betonung liegt hier auf aktiv. Denn viele Unternehmen empfinden Beschaffungsmarktforschung als lästiges Beiwerk, auf das man getrost verzichten kann, wenn man den einen oder anderen Lieferanten flüchtig kennen gelernt hat. Andere interpretieren den Begriff Marktforschung falsch. Deshalb die genaue Definition aus *Gablers Wirtschafts-Lexikon*. Danach versteht man unter Marktforschung »die systematisch betriebene Erforschung eines konkreten Teilmarktes ... unter Heranziehung vor allem externer Informationsquellen«. Das trifft natürlich im Wesentlichen genauso auf die Analyse eines Beschaffungsmarktes zu. Auch hier geht es darum, den Markt transparent zu machen, das Marktvolumen der jeweiligen Branche in dem Land, die Preisentwicklung des zu beschaffenden Produktes zu ermitteln sowie zu ergründen, welches Potenzial die vorhandenen Lieferanten besitzen und in welcher Zahl sie vorhanden sind. Aus den Erkenntnissen werden dann entsprechende Beschaffungsaktivitäten abgeleitet oder das Unternehmen streicht das Land von der Liste potenzieller Einkaufsregionen. So lassen sich mit konsequenter strategischer Beschaffungsmarktforschung bestehende Risiken minimieren, Kosten- und Versorgungsstrukturen langfristig optimieren.

Es reicht nicht, sich nur in der Startphase die notwendige Transparenz zu verschaffen. Beschaffungsmarktforschung ist ein kontinuierlicher Prozess, der die internationalen Sourcing-Aktivitäten auch in Zukunft begleiten muss. Denn gerade bei der globalen Beschaffung verändern sich vorhandene Situationen häufig sehr schnell. So wird zum Beispiel aus einem einst vergleichsweise stabilen Entwicklungsland rasch ein politischer Brennpunkt oder eine Region, die sich dazu entschlossen hat, in Zukunft massiv mit ausländischen Kunden zusammenzuarbeiten. Außerdem kann es durchaus passieren, dass sich ein Beschaffungsmarkt im Laufe der Zeit wandelt und sich in einem völlig anderen Bereich als attraktive Sourcing-Quelle etabliert (siehe das Beispiel Türkei).

Was internationale von der nationalen Beschaffungsmarktforschung unterscheidet

Wer bislang nur deutschlandweit Beschaffungsmarktforschung betrieb, muss sich, wenn es darum geht, die Strukturen internationaler Märkte zu identifizieren und zu bewerten, auf einen zeitlichen und leider auch finanziellen Mehraufwand einstellen. Das liegt zum einen daran, dass häufig zuverlässige aktuelle Daten zur politischen, wirtschaftlichen und kulturellen Entwicklung in einem Land zwar vorhanden sind, ein Vergleich mit früheren Jahren aber aufgrund unzureichender oder fehlender Informationen unmöglich wird. Zum anderen steckt die produktbezogene Marktforschung in vielen Regionen noch in den Anfängen. Branchenorganisationen sind, wenn überhaupt, meist erst im Entstehen, dementsprechend lückenhaft oder ungenau ist die Datenerhebung über die Wirtschaftsbereiche. Hier heißt es also, selbst initiativ zu werden. Bedenken Sie auch, dass es die in der Regel von Land zu Land unterschiedlichen Datenbestände erforderlich machen, in den Regionen mit spezifischen Untersuchungsmethoden zu arbeiten.

Damit wird es betriebswirtschaftlich ineffizient für sämtliche Produkte, die möglicherweise im Ausland gesourct werden sollen, eine detaillierte Beschaffungsmarktforschung zu betreiben. Deshalb sollten sich alle, die mit Global Sourcing beginnen, zunächst auf Artikel mit einem großen Einkaufsvolumen beschränken, deren

internationale Beschaffung sich besonders positiv auf die Ertragsentwicklung auswirken könnte.

Die wichtigsten Erfolgsfaktoren der Beschaffungsmarktforschung

Eine wirklich aussagefähige globale Beschaffungsmarktreche-
rche mit dem Ziel interessante Lieferanten zu identifizieren, umfasst die primäre und die sekundäre Informationsgewinnung. Mit
der anschließenden Auswertung der gewonnenen Daten entsteht
ein so genannter Lieferantenpool. Der Entscheider weiß also, wie
viele mögliche Zulieferer vorhanden sind. Gleichzeitig kann er sich
ein Bild darüber machen, wie sich die wirtschaftliche und politische
Situation des Landes entwickeln wird.

Grundsätzlich besteht die internationale Beschaffungsmarktforschung aus einem mehrstufigen Prozess. Primäre und sekundäre
Beschaffungsmarktforschung unterscheidet sich insbesondere hinsichtlich der Kosten- und der Zeitintensität.

So ist das Nutzen primärer Quellen deutlich aufwändiger als die
sekundäre Beschaffungsmarktforschung. Geht es bei letzterer doch
vor allem um das profunde Research und die Auswertung bestehender zugänglicher Quellen, sind bei der primären Erhebung immer
individuelle Gespräche zu führen. Ratsam ist es, die sekundäre Be-

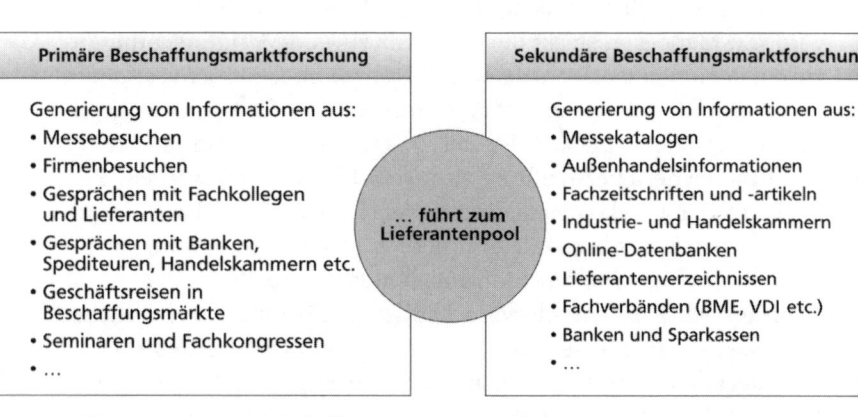

Abb. 7 Internationale Beschaffungsmarktforschung
Quelle: Kerkhoff Consulting

schaffungsmarktforschung als ersten Schritt durchzuführen. So verschafft sich der Einkäufer einen ersten Eindruck und Überblick, auch können analysierte Inhalte und Ergebnisse der Sekundärforschung in der zweiten Phase, also der primären Beschaffungsmarktforschung, viel zielorientierter überprüft werden. Nutzen Sie also die Sekundärforschung zur ersten Eingrenzung ihrer Beschaffungsanforderung und überprüfen Sie detailliert die dort gewonnenen Erkenntnisse durch zielgerichtete Interviews im Rahmen der primären Beschaffungsmarktforschung.

Häufig wird gefragt, was denn überhaupt zu analysieren sei. Hier geht es in der Tat nicht um die detaillierte Beschreibung eines Lieferanten und seiner produkt- oder dienstleistungsbezogenen Fähigkeiten. Dies erfolgt erst, wenn passende Lieferanten identifiziert sind. Vielmehr gilt es bei der internationalen Beschaffungsmarktforschung, Zuliefermärkte, Gesetzmäßigkeiten in Branchen und sonstige Marktbesonderheiten zu beschreiben. Typische Fragestellungen, die systematisch im Rahmen der internationalen Beschaffungsmarktforschung beantwortet werden sollten, sind beispielsweise:

- Welche Besonderheiten sind in der betrachteten Region/ im Land zu berücksichtigen?
- Welche Lieferanten bieten das zu kaufende Produkt/Dienstleistung zu welchem Preis an?
- Wie groß ist der relevante Zuliefermarkt (Volumen)?
- Wie ist der relevante Zuliefermarkt strukturiert, das heißt, welche Preis-Qualitäts-Segmente gibt es?
- Welche spezialisierten Qualitätssicherungsunternehmen gibt es im betrachteten Zuliefermarkt? Welche Logistikexperten oder sonstigen externen Dienstleister existieren?
- Wie attraktiv sind die einzelnen Segmente?
- Wie wird sich der relevante Zuliefermarkt in den nächsten drei bis fünf Jahren entwickeln?
- Wie sieht im betrachteten Zuliefermarkt die Wertschöpfungskette aus?
- Welche Verbindungen gibt es zu vor- und zu nachgelagerten Unternehmen in der Wertschöpfungskette? Gibt es Abhängigkeiten?

- Welche typischen Trends sind im relevanten betrachteten Zuliefermarkt künftig zu erwarten?
- Wie ist das derzeitige Preisniveau der angebotenen Produkte und Dienstleistungen im relevanten Zuliefermarkt? Wie hat sich dieses in den letzten fünf Jahren entwickelt?
- Wer ist der typische Kunde des Zulieferunternehmens? Wie lange arbeiten die Zulieferunternehmen mit ihren Kunden schon zusammen?
- Wie sind Zuliefermarkteintrittsbarrieren zu beschreiben?
- Welche Abhängigkeiten gibt es zwischen Zulieferer und Kunden?
- Welche Erfolgsfaktoren sind typischerweise auf welchem Niveau zu erfüllen?
- Welche Gesetzmäßigkeiten gibt es zwischen Zuliefermarkt und Absatzmarkt?
- Wie ist die Rolle der Lieferanten der Zulieferunternehmen zu beschreiben?
- Wie international ist der Zuliefermarkt heute, war er vor fünf Jahren, wird er in fünf Jahren sein?
- Wie viele relevante Zulieferer gibt es in welcher Region?
- Welche Marktanteile haben die Zuliefererunternehmen?
- Mittels welcher Kriterien können die Zulieferunternehmen beschrieben werden (Größe, Mitarbeiter, Umsatz, regionale Abdeckung, Erfahrungen in Jahren und so weiter)?
- Wie sind die unterschiedlichen Zulieferunternehmen zu bewerten, welche Stärken und Schwächen haben sie? Welche Chancen und Bedrohungen gibt es aus Sicht des Abnehmerunternehmens?
- Gibt es neue Werkstoffe, die bestehende Produktangebote substituieren?
- Gibt es ganz neue Zulieferunternehmen, die in den Markt drängen?
- Was machen Ihre direkten Konkurrenten in der Zusammenarbeit mit den Zulieferunternehmen anders?

Wie aber können diese – hier exemplarisch aufgeführten – Fragen systematisch beantwortet werden? Welche Quellen lassen sich erschließen? Dazu ein Praxisbeispiel. Es geht dabei um ein Unternehmen, das in der Vergangenheit bei drei deutschen Großhandels-unternehmen einkaufte und deshalb der festen Überzeugung war, hervorragende Preise zu bekommen. Mit der Idee, die Händler zu umgehen und den Lieferanten in Übersee direkt anzusprechen, stieß der Consultant auf völliges Unverständnis. Schließlich konnte er seinen Klienten doch noch mit Hilfe der möglichen Einspar-potenziale überzeugen. Kein Einzelfall. Die Scheu, langjährige Ge-schäftsbeziehungen aufzubrechen, ist in vielen Industrien immer noch immens. Im Zuge der Globalisierung entstehen jedoch ganz neue Lieferanten. Alte Gesetzmäßigkeiten gelten nicht mehr. Die folgenden Hinweise helfen, die neuen Spielregeln rechtzeitig zu identifizieren:

Quellen der sekundären Beschaffungsmarktforschung

Die Komplexität vieler Beschaffungsmärkte und der Produkte, die möglicherweise gesourct werden sollen, erfordert es, möglichst viele Quellen auszuwerten, um die notwendigen differenzierten In-formationen zu erhalten. Die Praxis zeigt jedoch immer wieder, dass es sich Unternehmen mit der Generierung von Daten zu leicht machen und sich lediglich darauf beschränken, Datenbanken oder Institutionen aus Deutschland oder dem jeweiligen Land zu nutzen. Damit verschaffen sie sich zwar ein gewisses Basiswissen. Bewer-tungen übernationaler Organisationen, zum Beispiel der Weltbank, der EU oder der OECD erlauben jedoch wesentlich zielgenauere Entscheidungen, wenn es darum geht, verschiedene Märkte zu ver-gleichen. Der Zugriff zu diesen Fakten ist meist auch nicht auf-wändiger als die Informationsbeschaffung bei anderen Institutio-nen. Oft reicht ein Mausklick und der Weg zu den Entscheidungs-hilfen wird frei – per Internet. Achten Sie darauf, wie aktuell die angebotenen Fakten sind. Gerade in Entwicklungsländern ändert sich die Situation oft recht schnell. Nutzen Sie auch die Lieferanten-datenbanken. Dazu gehören beispielsweise www.chinasuppliers.com für China, www.exportersindia.com für Indien, www.turkfreezone.com für die Türkei oder weltweite Suchmaschinen wie www.kompass.com oder www.globalsources.com.

Eine Vielzahl von Organisationen, Verbänden und Behörden ver-fügt über umfangreiches Material, das Sie für Ihre globale Beschaffungsmarktforschung verwenden können. Meist gibt es diese Unterlagen kostenlos im Internet.

Eine Auswahl renommierter Helfer für alle, die der Rendite ihres Unternehmens per Global Sourcing neue Schubkraft verleihen wollen:

- Auslandshandelskammern (www.ahk.de)
- Auswärtiges Amt (www.auswaertiges-amt.de)
- Banken- und Sparkassenverbände
- Branchenvereinigungen, zum Beispiel Verband Deutscher Maschinen- und Anlagenbau (www.vdma.org)
- Bundesagentur für Außenwirtschaft (www.bfai.de)
- China Suppliers (www.chinasuppliers.alibaba.com)
- Creditreform (www.creditreform.de)
- Deutscher Industrie- und Handelskammertag – DIHT (www.diht.de)
- Europäische Union – EU (www.europa.eu.int)
- Exporters India (www.exportersindia.com)
- Fachverbände, zum Beispiel Bundesverband Materialwirtschaft, Einkauf und Logistik – BME (www.bme.de)
- Branchenbezogene Fachzeitschriften
- Global Sources; Suchmaschine für Produkte und Zulieferer aus aller Welt (www.globalsources.com)
- Sourcing Asia (Fachzeitschrift Asien)
- China Contract (Newsletter China)
- Hamburgisches Welt-Wirtschafts-Archiv (www.hwwa.de)
- Handelsvertretungen der Beschaffungsregionen in Deutschland oder in anderen Ländern
- Ifo-Institut für Wirtschaftsforschung (www.ifo.de)
- Kompass; Informationen über nationale sowie internationale Produkte und Dienstleistungen (www.kompass.com)
- Lieferanten-Datenbanken für die jeweiligen Länder
- Messekataloge
- OECD – Organisation for Economic Co-Operation and Development (www.oecd.org)
- TurkFreeZone (www.turkfreezone.com)
- Vereinte Nationen – UN (www.un.org)

- Weltbank (www.worldbank.org)
- Wer liefert was?; Suchmaschine für Produkte und Dienstleistungen europäischer Unternehmen (www.wlw.de)
- www.infobroker de; Suchmaschine zur internationalen Lieferantenermittlung sowie Marktanalysen (www.infobroker.de)

Quellen der primären Beschaffungsmarktforschung

Bei der primären Beschaffungsmarktforschung sind die Unternehmen darauf angewiesen, selber tätig zu werden und sich einen persönlichen Eindruck zu verschaffen. Damit wird die primäre Informationsgewinnung zum kosten- und zeitaufwändigsten Teil der notwendigen Marktrecherchen. Auch wenn das Budget zur Erschließung neuer Einkaufsregionen knapp sein mag, auf solche Aktivitäten darf kein Unternehmen verzichten, das langfristig von den Vorteilen der globalen Beschaffung profitieren will.

Diese Maßnahmen liefern notwendige Entscheidungshilfen:

- *Messebesuche:* Es gibt wohl kaum eine Veranstaltung, bei der sich besser erste Kontakte knüpfen lassen als bei einer internationalen Fachmesse. Hier finden sich ausschließlich Unternehmen ein, die bereits Exporterfahrungen gesammelt haben oder entschlossen sind, Deutschland oder andere westliche Länder mit ihren Produkten zu erobern. Bei Messen lassen sich nicht nur die Angebote vergleichen. Auch die unterschiedlichen Präsentationen geben meist wichtigen Aufschluss darüber, wie professionell oder unprofessionell sich der Aussteller bei der Kundenwerbung anstellt. Daraus lässt sich gelegentlich ableiten, ob er wirklich bereits in der Lage ist, auf die Bedürfnisse globaler Kunden einzugehen. Häufig finden sich auf den Messeständen aber auch Abgesandte von anderen Unternehmen ein, die sich mit dem Gedanken tragen, global zu sourcen oder bereits seit längerem bei dem ausländischen Lieferanten einkaufen. Es ist meist sehr hilfreich mit diesen Leuten zu sprechen und sie nach ihren Erfahrungen mit Global Sourcing und dem Aussteller zu fragen. Bewerten Sie den Messeauftritt eines potenziellen Zulieferers aber nicht zu hoch. Informationen über internationale Fachmessen im

In- und Ausland hält der Ausstellungs- und Messe-Ausschuss der Deutschen Wirtschaft (AUMA), www.auma.de, bereit. Sollte die Zeit für einen Messebesuch fehlen, können Sie häufig trotzdem von dem Branchentreff profitieren – Ausstellungskataloge helfen. Dort finden Interessenten sämtliche teilnehmenden Firmen mit ihren Schwerpunkten. Mit ihnen lässt sich dann Kontakt aufnehmen.

– *Firmenbesuche:* Bei der ersten Orientierungsreise in einen möglichen neuen Beschaffungsmarkt gilt es noch nicht, detaillierte Verhandlungen zu führen. Das wäre in diesem Stadium, in dem Sie noch viel zu wenig Informationen über den Wettbewerb und die Rahmenbedingungen in dem jeweiligen Land gesammelt haben, zu früh. Jetzt geht es darum, sich einen ersten Eindruck zu verschaffen. Wie sieht es beispielsweise mit der technischen Ausstattung der Betriebe aus? Werden moderne Fertigungsverfahren genutzt? Wie ist es um die Infrastruktur am Unternehmenssitz bestellt? Gibt es möglicherweise Anreize des Staates für ausländische Investoren? Das sind nur einige Beispiele für Fragen, auf die man bei einer ersten Reise Antworten finden sollte, um den Entscheidungsprozess zu unterstützen. Natürlich muss eine solche Reise minutiös geplant werden, hängt doch von dem Ergebnis eine wichtige Entscheidung für das Unternehmen ab. Die deutschen Auslandshandelskammern, einige Branchenvertretungen sowie Vertretungen der Beschaffungsmärkte in Deutschland oder in anderen Ländern helfen bei der Vorbereitung. Häufig werden sogar Gemeinschaftsreisen organisiert.

– *Gespräche mit Branchenkollegen, Lieferanten, Wettbewerbern, Logistikunternehmen und so weiter:* Zukunftsorientiert denkende Firmeninhaber und deren leitende Angestellte wissen immer häufiger um den hohen Stellenwert eines effizienten Beschaffungsmanagements. Deshalb scheuen sie sich auch längst nicht mehr so oft wie früher davor, mit Branchenkollegen über ihre Einkaufsmethoden zu diskutieren. Dieser Erfahrungsaustausch hilft in vielen Fällen beiden Seiten. Verzichten Sie also nicht darauf. Lieferanten sollten ebenfalls in die globale Beschaffungsmarktforschung einbezogen werden. Zum einen wirkt es sich in der Regel positiv auf ihr Entgegenkommen bei anstehenden Verhandlungen aus, wenn sie darüber informiert sind, dass ein Kunde zumindest mit dem Gedanken spielt, im Ausland einzukaufen. Zum anderen kennen vor allem größere Lieferanten den internationalen Wettbewerb ganz genau. Auf diese Informationen darf man nicht verzichten, auch wenn sie in einigen Fällen nicht ganz objektiv ausfallen werden.

- *Gespräche mit Banken und Sparkassen:* Kreditinstitute hören es sehr gerne, wenn sich ihre Kunden mit modernen Beschaffungsmethoden beschäftigen und damit ihre Ertragslage verbessern wollen. Deshalb gibt es auch beim Rating Pluspunkte für solche Aktivitäten. Über ihre internationalen Netzwerke können die Geldhäuser oftmals auch mit konkreten Informationen bei der globalen Beschaffungsmarktforschung helfen.
- *Gespräche mit Handelskammern:* Die Handelskammern bemühen sich, ihren Mitgliedern Gutes zu tun. Wenn es darum geht, Kontakte in internationale Märkte zu knüpfen, bieten aber vor allem die großen Kammern aufgrund ihrer grenzüberschreitenden Kooperationen oft wirkungsvolle Unterstützung. Nachfragen kann sich also lohnen.
- *Gespräche mit Spediteuren:* Nicht nur die internationalen Spediteure profitieren von Global Sourcing. Auch kleinere Transportunternehmen, vor allem in den Grenzregionen zu Osteuropa, entdecken die neue Form der Beschaffung als lukratives Geschäft. Deshalb kennen diese Dienstleister nicht nur die Transporttarife. Sie wissen auch über die notwendigen Formalitäten im Land des Lieferanten und in Deutschland, Zollsätze sowie Einfuhrbedingungen genau Bescheid. Diese Informationen sind für Unternehmen, die mit Global Sourcing beginnen, besonders wichtig. Denn gelegentlich kommt es vor, dass die Kostenersparnisse aufgrund von günstigen Lohn- und Materialkosten durch Transportkosten und Zölle aufgezehrt werden.
- *Besuche von Seminaren und Fachkongressen:* Das Thema Global Sourcing nimmt in den Veranstaltungskatalogen der Weiterbildungsinstitute einen immer größeren Raum ein. Die Qualifikation der Referenten und das vermittelte Know-how entsprechen allerdings häufig nicht den Anforderungen an das komplexe Thema. Achten Sie deshalb darauf, dass die Trainer

über fundierte Erfahrungen im internationalen Einkauf verfügen und sich ihr Wissen nicht aus Büchern angelesen haben. Geht es darum, sich Informationen über einen expansiven Beschaffungsmarkt zu besorgen, sollten während des Seminars die Themen (1) International beschaffbare Produkte und Dienstleistungen, (2) Lieferantenrecherche, (3) Internationale Ausschreibung, (4) Liefer- und Zahlungsbedingungen, (5) Lieferantenbesuche und -auswahl, (6) Qualitätsmanagement sowie (7) Verträge und Vereinbarungen behandelt werden. Die wesentlichen politischen, demografischen und wirtschaftlichen Eckwerte sowie die aktuellen Daten zum Handel Deutschlands mit dem betreffenden Land müssen ebenfalls präsentiert werden. Bei Fachkongressen sollten die Referenten natürlich ebenfalls über das notwendige Praxiswissen verfügen und sich nicht auf theoretische Aussagen beschränken. Gut, wenn Unternehmer aus dem jeweiligen Land mit auf dem Podium sitzen.

Nachdem der oder die potenziellen Beschaffungsmärkte analysiert wurden, gilt es, die aus primären und sekundären Quellen generierten Informationen übersichtlich aufzubereiten und sorgfältig auszuwerten. Sehen Sie in den erstellten Übersichten Platz vor, um die Auswertungen regelmäßig aktualisieren zu können. Damit nehmen Sie sich einerseits in die Pflicht, konsequent Beschaffungsmarktforschung zu betreiben und andererseits verfügen Sie immer über aussagefähige Daten, die auch bei einem Bankgespräch Pluspunkte einbringen können. Denn, wie schon gesagt, Kreditinstitute schätzen es sehr, wenn sich Firmenkunden intensiv mit effizienten Beschaffungswegen beschäftigen.

Die häufigsten Fehler bei der Beschaffungsmarktforschung
Marktforschung kostet Zeit und einen gewissen finanziellen Aufwand – vor allem, wenn es darum geht, einen Markt kennen zu lernen, der bisher noch weitgehend unerschlossen ist. Aber es lohnt sich. Denn es gibt genug Unternehmen, die es mit der Analyse eines potenziellen Beschaffungsmarktes nicht genau genug nehmen und deshalb mit der Entscheidung für einen Beschaffungsmarkt und den dort ansässigen Lieferanten eine große Enttäu-

schung erlebt haben. Wer hingegen die Beschaffungsmarktforschung zum grundlegenden Bestandteil des Global Sourcings macht, braucht sich um das Gelingen seiner Aktivitäten keine allzu großen Sorgen zu machen.

Die Fehler bei der Beschaffungsmarktforschung sind in der Regel immer die gleichen. Deshalb hier die gravierendsten Versäumnisse, damit ähnliche Fehlschläge in der Praxis erspart bleiben:

- Die Unternehmen wählen den erstbesten Lieferanten aus,
- auf die Suche nach zusätzlichen potenziellen Lieferanten wird verzichtet,
- ein erstes Kennenlernen bei einer Messe oder einem anderen Anlass genügt, um eine Kooperation einzugehen,
- man verlässt sich auf die Aussagen des Lieferanten, ohne dessen Aussagen mit den reichlich vorhandenen Sekundärquellen abzugleichen und
- mit Referenzkunden des Lieferanten in Deutschland oder in anderen europäischen Ländern wird nicht gesprochen.

Es herrscht also viel zu oft blindes Vertrauen oder die Geschäftsleitung beziehungsweise ihre beauftragten Mitarbeiter haben ganz einfach nicht die Motivation, sich intensiv zu informieren. Lediglich einen Lieferanten zu identifizieren, der ein auf den ersten Blick interessantes Preisangebot macht, reicht nicht aus. Nachhaltig profitables Global Sourcing erfordert die Bereitschaft strategisch, also zukunftsorientiert, zu denken und zu handeln.

Von der Lieferantenselbstauskunft zum Best-in-Class-Lieferanten beim Global Sourcing

Ein wesentlicher Vorteil des Global Sourcings liegt in vielen Fällen in den enormen Kosteneinsparmöglichkeiten. Ob sich solche Potenziale aber tatsächlich erschließen lassen, hängt von der Vergleichbarkeit der internationalen und nationalen Angebote ab. Es kann nämlich durchaus sein, dass die Preisangabe eines ausländischen Lieferanten im ersten Moment besonders interessant klingt, bei genauerem Hinschauen aber diese Attraktivität verliert, weil es zum Beispiel im Vergleich zu anderen Angeboten Abweichungen bei der Qualität, den Abmessungen, der Gewährleistung oder bei den Lieferfristen gibt. Solche Divergenzen begründen sich längst nicht immer damit, dass der Anbieter der Qualität nicht die oberste Priorität einräumt. Viel häufiger liegt es an unzureichend oder lückenhaft formulierten Ausschreibungen, die dem Empfänger keine detaillierten Vorgaben für die Angebotsformulierung geben.

Es wäre natürlich viel zu zeitaufwändig, an alle Lieferanten, die im Rahmen der Beschaffungsmarktforschung identifiziert wurden und in der Lage sein könnten, die gewünschten Produkte zu liefern, detaillierte Ausschreibungen zu versenden. Um die Spreu vom Weizen zu trennen, empfiehlt sich ein mehrstufiger Auswahlprozess. Die Abbildung zeigt die ideale Vorgehensweise zur Identifikation des Best-in-Class-Lieferanten:

Abb. 8 Prozess zur Identifikation des Best-in-Class-Lieferanten
Quelle: Kerkhoff Consulting

Lieferantenselbstauskunft

In einem ersten Schritt heißt es, von allen Unternehmen, die in den Lieferantenpool aufgenommen worden sind, erste Details über das Produktionsprogramm, die Fertigungsprozesse und die bisherigen Exporterfolge zu erfahren. Dazu reicht meist ein Telefongespräch, das allerdings sorgfältig vorzubereiten ist. So gilt es im Vorfeld die genauen Kontaktdaten zu ermitteln und die Vertriebsverantwortlichen zu identifizieren. Sprachprobleme können den Erfolg der Gespräche maßgeblich beeinflussen. Deshalb macht es vor allem bei Recherchen in chinesischen Firmen sowie bei kleinen und mittelständischen Betrieben in den anderen Beschaffungsmärkten Sinn, den telefonischen Erstkontakt von Mitarbeitern oder Agenturen knüpfen zu lassen, die der jeweiligen Landessprache mächtig sind. Wer jedoch fließend Englisch spricht, kann in Indien und in Osteuropa in der Regel mit Gesprächspartnern rechnen, die mit ihm qualifiziert reden können. Gelegentlich wird sogar Deutsch verstanden. Auch wenn es für einen Europäer kaum noch vorstellbar sein mag, haben die infrastrukturellen Voraussetzungen in manchen Regionen noch längst kein Niveau wie hierzulande erreicht. Man muss sich also in manchen Entwicklungsländern durchaus auf schlechte Telefonverbindungen sowie fehlende Internet-Anschlüsse einstellen. Trotzdem kommt ein potenzieller »Global Sourcer« um solche Vorab-Gespräche nicht herum, will er die wirklich besten Lieferanten aus seinem Lieferantenpool herausfiltern. Schildern Sie Ihr Unternehmen besonders eindrucksvoll. Nennen Sie kurz seine Schwerpunkte und Stärken und führen Sie dem möglichen Lieferanten vor Augen, welche Vorteile sich aus einer Zusammenarbeit ergeben könnten. Versuchen Sie durch geschickte Fragestellungen sensible Informationen zu gewinnen. Dazu gehören beispielsweise Umsatzgröße und -entwicklung oder Marktanteile. Nach den Telefonbefragungen lässt sich der Lieferantenpool weiter dezimieren.

Lieferanten, die bei den Telefonbefragungen überzeugen konnten, erhalten ein Formular für eine kurze schriftliche Selbstauskunft, mit der Bitte diese ausgefüllt zurückzusenden. Dabei geht es vor allem darum, die beim ersten Kontakt gewonnenen Informationen weiter zu vertiefen und zusätzliche Daten für die endgültige Lieferantenauswahl zu generieren. Es muss nicht immer gleich Desinteresse bedeuten, wenn ein angeschriebenes Unternehmen die geforderte Auskunft nicht innerhalb von ein paar Tagen zurücksendet. Solche Befragungen sind für viele Firmen in den Beschaffungsmärkten ungewohnt und man misst ihnen keine allzu große Bedeutung bei. Mahnen Sie deshalb fehlende Auskünfte telefonisch an, sonst könnte vielleicht ein wichtiger Kontakt verloren gehen.

Diese Informationen sollte eine Selbstauskunft enthalten:

1. *Unternehmensstammdaten*
   - vollständige Bezeichnung inklusive Firmierung und Gründungsjahr
   - Anschrift, Telefon, Fax, E-Mail, Homepage, Ansprechpartner und Funktion
   - Standorte im In- und Ausland (Entwicklung, Fertigung, Vertrieb)
   - privates oder staatliches Unternehmen

2. *Geschäftsentwicklung*
   - Konzernzugehörigkeit, Betriebsgröße, Geschäftsbereiche
   - wirtschaftliche Entwicklung in den vergangenen drei Jahren (Umsatz, Gewinn)
   - Umsatz pro Geschäftsbereich
   - Anzahl der Mitarbeiter pro Geschäftsbereich

3. *Produkt-/Leistungsspektrum*
   - Produktpalette
   - Kapazitäten
   - zusätzliche Leistungen (zum Beispiel Entwicklung)

4. *Exporterfahrungen*
   - Anzahl der Jahre
   - Exportregionen
   - Exportanteil am Gesamtumsatz
   - Europäische Referenzen (Unternehmen, Ansprechpartner inklusive Kontaktdaten, Dauer der Geschäftsbeziehungen)

5. *Logistik*
   - Lager (zum Beispiel Standort, Kapazität, Ausstattung)
   - Konsignationslager
   - Lieferbedingungen

6. *Qualitätsmanagement*
   - Vorhandenes Qualitätsmanagement
   - Name des qualitätsprüfenden Unternehmens

Nach Rücklauf der Lieferantenselbstauskünfte müssen diese ausgewertet werden. Dazu lassen sich traditionelle Kennzahlen wie beispielsweise Unternehmensgröße, Anzahl der Mitarbeiter, Umsatz oder Kapazitäten nutzen. Neben den traditionellen Kennzahlen sind insbesondere die von den potenziellen Lieferanten genannten Exportdaten im Detail zu prüfen. Das heißt beispielsweise, welche Güter werden exportiert, welche Referenzen europäischer Unternehmen liegen vor und welche Exporterfahrungen bestehen? Nach Bewertung der Fragebögen wird sich die Zahl der möglichen Lieferanten erneut verringern. So schließen sich in den meisten Fällen Unternehmen, die nur über eine sehr kurze Exporterfahrung verfügen oder bei den Fragen nach einem vorhandenen Qualitätsmanagement und vorliegenden Referenzen mit einem klaren »Nein« antworten müssen, von vornherein aus. Bei auffälligen Entwicklungen, wie zum Beispiel bei außerordentlichen Umsatz- oder Gewinnsprüngen, ist es empfehlenswert, sich diese Angaben bei einem weiteren Telefongespräch erläutern zu lassen. Nehmen Sie sich auch die Zeit, zumindest einige der angegebenen Referenzen telefonisch oder auch im Rahmen eines Besuches persönlich zu überprüfen. Nutzen Sie diese Nachfragen auch, um engere Kontakte zu Einkäufern aus anderen Unternehmen und damit ein Netzwerk aufzubauen. Bei diesen Gesprächen kann der folgende Fragenkatalog helfen:

- Wie sehen Art, Tiefe, Dauer und Häufigkeit der Zusammenarbeit aus?
- Wie hoch ist das Bestellvolumen?
- Ist eine weitere Zusammenarbeit geplant? Falls nein: Warum nicht?
- Wie sind Art, Klassifizierung, Qualität und Preisniveau der Produkte?
- Welche Lagermöglichkeiten sind vorhanden?
- Wie funktioniert die Logistik?
- Welche Liefer- und Zahlungsbedingungen wurden vereinbart?
- Wie werden Reklamationen behandelt?
- Wie genau werden Termine eingehalten?

– Welche externen Möglichkeiten zur Qualitätskontrolle sind vorhanden?

Internationale Ausschreibung

Nach der beschriebenen Rückfrageaktion sind angehende »Global Sourcer« in der Lage, die Zahl möglicher Lieferanten weiter zu reduzieren und an alle, die während des bisherigen Auswahlprozesses positiv bewertet wurden, eine internationale Ausschreibung zu schicken. Diese unterscheidet sich durch ihren deutlich höheren Detaillierungsgrad von einer Ausschreibung an deutsche Lieferanten. Die wesentlichen Punkte müssen aber dennoch mit einer bundesweiten Ausschreibung vergleichbar sein. Dazu gehören natürlich vor allem die Qualitätsmerkmale. In Deutschland genügt es, die gewünschte Norm zu nennen. Vor allem Lieferanten aus Entwicklungsländern können mit solchen standardisierten Informationen jedoch oft nur wenig anfangen. Es bleibt deshalb nichts anderes übrig, als ausführlich darzulegen, welche Anforderungen sich hinter einer Qualitätsnorm verbergen, die unbedingt einzuhalten sind. Ebenso muss der Lieferort genau definiert werden, da er sich außerordentlich auf die zu erwartenden Kosten auswirken kann. Die so genannten Incoterms (International Commercial Terms) sind ebenfalls eine wichtige Kalkulationsgrundlage und müssen deshalb in der Ausschreibung fixiert werden. Sie regeln unter anderem Form und Ort der Lieferung durch den Verkäufer. Die folgende Tabelle erläutert die vier wichtigsten Incoterms:

	Name	Export*	Import*	Transport-vertrag	Lieferort	Gefahren-übergang	Kosten-übergang
EXW	Ex Works	Käufer	Käufer	Käufer	Werk des Lieferanten	Lieferort	Lieferort
FOB	Free on Board	Lieferant	Käufer	Käufer	Schiff (Verschiffungshafen)	Schiffsreling	Schiffsreling
CFR	Cost and Freight	Lieferant	Käufer	Lieferant	Schiff (Verschiffungshafen)	Schiffsreling	Zielhafen
CIF	Cost, Insurance, Freight	Lieferant	Käufer	Lieferant	Schiff (Verschiffungshafen)	Schiffsreling	Zielhafen

* Export- bzw. Importfreimachung = Übernahme der Kosten der Ausfuhrabfertigung und Beschaffung der erforderlichen Dokumente im Export-/Importland

Abb. 9 Häufigste Internationale Lieferbedingungen
Quelle: Kerkhoff Consulting

Die eigentlichen Zahlungsbedingungen dürfen in einer internationalen Ausschreibung natürlich ebenfalls nicht fehlen. So sind bei uns geläufige Formulierungen wie Skonto in vielen Ländern völlig unbekannt. Schließlich muss auch noch die Währung festgelegt werden, in der die Lieferungen abgerechnet werden sollen. So lassen sich Währungsrisiken beispielsweise durch einen Vertrag auf Euro-Basis einschränken, da sich damit Veränderungen durch steigende Wechselkurse im Beschaffungsland nicht negativ auf die Preise auswirken. Wer diese Erfordernisse berücksichtigt, kann davon ausgehen, vergleichbare Angebote zu bekommen und daraus die besten Lieferanten auswählen zu können.

Es ist empfehlenswert nicht nur potenziellen Zulieferern eine Ausschreibung zuzuschicken. Spediteure müssen ebenfalls erfahren, welche Leistungen sie erbringen sollen. Dazu gehören zum Beispiel Informationen über die Ausmaße der Produkte, den Lagerort, das Volumen und die Zahl der Abrufe, Transporterfordernisse, wie zum Beispiel Kühlfahrzeuge sowie die voraussichtliche Dauer der Liefervereinbarung. Die daraus resultierenden Angebote sind gut vergleichbar und schaffen die notwendige Entscheidungsgrundlage, um den effizientesten Spediteur auszuwählen. Allerdings sollte der Auftraggeber vor der endgültigen Vergabe, Referenzen über den Transporteur einholen. Schließlich gibt es in jeder Branche Unternehmen, die sich nicht an Absprachen halten.

Nach Rücklauf der internationalen Ausschreibung und Auswertung aller Daten reduziert sich die Anzahl der in Frage kommenden Lieferanten weiter. Häufig wird im Zusammenhang mit der internationalen Ausschreibung der Lieferant auch aufgefordert, ein Produktmuster (Bemusterung) zur Verfügung zu stellen. Sollte dies nicht zu aufwändig sein, empfiehlt sich ein solcher Schritt unbedingt. So kann beispielsweise die technische Fachabteilung am konkreten Produkt schon prüfen, ob der Lieferant auch qualitativ in Frage kommt. Häufig müssen auch eine ganze Reihe von Vortests durchgeführt werden, bevor sich eine detaillierte nachgelagerte Lieferantenprüfung anschließt. Auch hier ist eine Bemusterung sehr empfehlenswert. Muster können übrigens auch helfen, frühzeitig bestehende Vorurteile in der Technik zu entkräften. Es ist immer wieder überraschend, dass ein Muster oftmals Zweifel der Techniker ausschließen kann. Nichts wäre schlimmer, als den Prozess des

Global Sourcing weit fortgeführt zu haben, um dann doch regional zu sourcen, weil die Technik nicht frühzeitig überzeugt werden konnte.

Üblicherweise reduziert sich der Kreis der ernst zu nehmenden Lieferanten nach Selbstauskunft und internationaler Ausschreibung schnell deutlich auf unter zehn. Die letzten acht bis zehn Lieferanten sind dann noch akribischer zu prüfen. Die Praxis zeigt, dass auch hier oftmals an der falschen Stelle gespart wird. Lieferanten zu besuchen, ist selbst in Deutschland noch immer unüblich. Wenn es dann über die Grenze geht, wird die Barriere eines Besuches noch höher. Vermeiden Sie deshalb unbedingt den Fehler, in Frage kommende Zulieferer nicht persönlich aufzusuchen.

Lieferantenbesuche – die endgültige Entscheidung für einen ausländischen Partner

Mit der vorangegangenen Prüfung und Bewertung hat sich die Zahl der potenziellen Lieferanten, mit denen es sich lohnen könnte, längerfristig zu kooperieren, also auf rund acht bis zehn interessante Unternehmen reduziert. Jetzt geht es in die Endauswahl. Dabei stehen die folgenden Hauptkriterien im Fokus:

- Qualitätsmanagement,
- Logistikkonzept,
- Liefer- und Zahlungsbedingungen,
- Internationale Verhandlungsstrategie.

Es gibt darüber hinaus eine Reihe zu prüfender Einzelkriterien. Lassen Sie mich zunächst Ausführungen zu den ersten beiden genannten Hauptprüfungsfeldern machen. Grundsätzlich sollten Sie sich genügend Zeit nehmen, die einzelnen Punkte zu prüfen und sich ein Urteil über die jeweilige Situation bei den Lieferanten, die in der »letzten Runde« noch dabei sind, zu bilden. Damit werden die notwendigen individuellen Entscheidungsgrundlagen geschaffen und Sie können später mit hoher Wahrscheinlichkeit davon ausgehen, die beste Wahl getroffen zu haben.

Im Fokus: Das Qualitätsmanagement

Die Entscheidung für einen Lieferanten sollte im Wesentlichen davon abhängen, ob er mit hoher Wahrscheinlichkeit langfristig dazu in der Lage sein wird, die getroffenen Vereinbarungen und Anforderungen zu erfüllen. Die Voraussetzungen des potenziellen Lieferanten, die notwendige Qualität nachhaltig sicherstellen zu können, wird damit zu einem wichtigen Auswahlkriterium. Deshalb bedarf die Prüfung des vorhandenen Qualitätsmanagement-Systems ganz besonderer Aufmerksamkeit. Es reicht also nicht, sich auf mündliche Zusagen zu verlassen, was zählt sind ausschließlich nachweisbare Fakten. Denn ein anerkanntes und aktiv umgesetztes Qualitätsmanagement-System stellt sicher, dass der Lieferant

- die Kundenzufriedenheit gewährleistet,
- die Kundenanforderungen aufgrund der im System definierten Prozesse jederzeit erfüllt,
- Fehler rechtzeitig entdeckt und wenn möglich vermeiden kann und
- die Effektivität und die Effizienz der Prozesse regelmäßig überprüft und konsequent verbessert.

Schon im Rahmen der ersten Kontaktaufnahme und der Internationalen Ausschreibung werden damit nicht erfüllbare internationale Normen und Standards zu einem Ausschlusskriterium aus dem Lieferantenpool. Wer nach diesen Vorschriften produziert, weist hingegen nach, dass er in der Lage ist, Produkte höchster Qualität herzustellen. Zu den wichtigen internationalen Normen und Standards gehören ISO 9000 und ISO 14 000. Sie werden mittlerweile von mehr als 160 000 Unternehmen in zirka 160 Ländern erfüllt.

- *ISO 9000 Normen* sind Zielvorgaben und organisatorische Anforderungen für Qualitätssicherungssysteme, mit deren Einhaltung Unternehmen belegen können, dass ihre Produkte und Leistungen von gleich bleibender Qualität sind.
- *ISO 14 000 Normen* beziehen sich auf die Bereiche Umwelt und Umweltmanagement. Wer sich zu diesen Normen ver-

pflichtet hat, dokumentiert, dass er mit seinem Unternehmen schädliche Einflüsse auf die Umwelt vermeiden will und seine »Umwelt-Performance« kontinuierlich verbessert.

Die meisten Unternehmen sind natürlich restlos überfordert, wenn es darum geht, die tatsächliche Einhaltung von Normen und Standards bei einem möglichen neuen Lieferanten zu überprüfen. Denn das Gütesiegel allein reicht nicht aus, um auf hohe Qualität vertrauen zu können. Oft genug werden die Normenzeichen plump gefälscht. Es gibt jedoch hoch qualifizierte Hilfe. Renommierte, unabhängige Organisationen sind in den Beschaffungsländern präsent und übernehmen die notwendigen Anfangsprüfungen sowie die laufenden Qualitätschecks während der Fertigung. Auf Wunsch überprüfen die Qualitätsexperten auch Verpackung, Lagerung und Verschiffung, führen Stichprobenkontrollen durch, überwachen die Verladung und die ordnungsgemäße Mengenerfassung. Bei entstandenen Schäden werden die Organisationen ebenfalls tätig.

Zu diesen neutralen Prüfdiensten gehören beispielsweise der TÜV Rheinland und die SGS-Gruppe. Der TÜV Rheinland bietet seine Dienstleistungen in 31 europäischen sowie 17 asiatischen Ländern an und ist ebenfalls in Nord- und Südamerika sowie in Afrika präsent. Die SGS-Gruppe betreibt in 140 Ländern Büros und steht damit auf Platz eins der weltweit tätigen, unabhängigen Qualitätsprüfer. Es empfiehlt sich, auf jeden Fall mit diesen Organisationen Kontakt aufzunehmen und sich entsprechende Angebote unterbreiten zu lassen. Denn sie leisten in den meisten Fällen gute Arbeit und ersparen ihren Auftraggebern in der Regel teure und zeitaufwändige Qualitätsprobleme. Allerdings sollten Sie in regelmäßigen Abständen kontrollieren, ob das beauftragte Prüfungsbüro tatsächlich nach wie vor gewissenhafte Arbeit leistet.

Im Fokus: Das Logistikkonzept

Die Logistik gehört heute zum Instrumentarium der strategischen Unternehmensführung und muss in Zeiten von Just-in-Time und immer geringeren Lagerumfängen die Versorgungssicherheit gewährleisten. Viele Vorstände oder Geschäftsführer und deren

Führungsriege haben dies jedoch noch nicht erkannt und vernachlässigen bei ihren Kalkulationen Lager- und Transportkosten nach wie vor. Eigentlich ein unverzeihliches Versäumnis, zumal im Rahmen der Logistik vielfältige Faktoren zu berücksichtigen sind, zum Beispiel Personalkosten, Kapitalbindung durch den Materialbestand oder Abschreibungen.

Global Sourcing stellt an die Logistik ganz besondere, zusätzliche Anforderungen. Das Thema Versorgungssicherheit erhält aufgrund der großen, zu überbrückenden Entfernungen zusätzliches Gewicht. Pufferlager im Land des Herstellers sowie in der Nähe des Bestellers können das Risiko eines Produktionsstopps wegen einer ausgebliebenen Lieferung zwar vorübergehend reduzieren beziehungsweise ausschließen und sollten deshalb unbedingt eingerichtet werden. Solche Vorsichtsmaßnahmen kosten aber natürlich Geld und müssen deshalb bei dem Kostenvergleich zwischen Global und Local Sourcing berücksichtigt werden. Und ein Konsignationslager, aus dem das Unternehmen bei Bedarf Waren entnehmen kann und erst danach bezahlen muss, richtet ein Lieferant normalerweise nur Großabnehmern ein, mit denen er schon lange in einem engen Geschäftskontakt steht. Wie bereits erläutert, ist es ohnehin ratsam, nicht den gesamten Bedarf ins Ausland zu vergeben, sondern einen Teil der Produkte nach wie vor bei einem Bestandslieferanten fertigen zu lassen – selbst wenn die Kosten deutlich höher liegen.

Ein Lager in einem bislang unbekannten Beschaffungsmarkt einzurichten, erfordert das Know-how eines Logistik-Profis. Denn längst nicht jeder, der irgendwo ein Lagerhaus besitzt, gewährleistet den notwendigen Service. So stellen nicht nur viele Waren komplexe Anforderungen an den Lagerplatz, weil sie beispielsweise spezielle Temperaturen oder Regalsysteme benötigen. Auch der Schutz vor Einbruch und Diebstahl, vor allem in kleinen Entwicklungsländern nach wie vor ein Problem, ist sicherzustellen. Damit müssen die Logistiker über ein umfangreiches Leistungsportfolio verfügen und einen hervorragenden Ruf genießen. Es bleibt also gar nichts anderes übrig, als bei der Auswahl des geeigneten Partners wiederum eine Ausschreibung anzufertigen, die sämtliche Erfordernisse bis ins kleinste Detail enthält sowie Referenzen über potenzielle Unternehmen einzuholen. Nach der Auswertung gilt es zu überprüfen, ob die Aufwendungen für die notwendige Logistik tatsächlich die Auftragsvergabe an einen Lieferanten in diesem Beschaffungsmarkt rechtfertigen. Allein vor einer großen Entfernung braucht sich ein angehender »Global Sourcer« jedoch nicht zu fürchten. Die internationalen Transportketten werden laufend optimiert und ständig flexibler. Dazu trägt auch die rasante Entwicklung der Informationstechnologie bei.

Im Fokus: Die Liefer- und Zahlungsbedingungen

Liefer- und Zahlungsbedingungen klingen für manche Firmen immer noch wie lästige Formalitäten, auf die man sich leider einlassen muss. Nicht wenige übersehen die möglichen negativen Folgen mangelhafter Formulierungen. Gerade im internationalen Handel können Lieferungs- und Zahlungsbedingungen zum erfolgsentscheidenden Faktor werden. Deshalb müssen alle, die von der Beschaffung im Ausland bestmöglich profitieren wollen, die vom Lieferanten geforderten Bedingungen sorgfältig überprüfen. Bei diesem Check geht es darum, deren mögliche Auswirkungen auf

– die aktuelle politische und wirtschaftliche Lage in dem Beschaffungsmarkt,
– den notwendigen Liquiditäts- und Kreditbedarf,
– die Finanzierungsmöglichkeiten sowie
– das bestehende Währungsrisiko

rechtzeitig auszuloten. Um diese Bewertung durchführen zu können, muss man sich einen Überblick über die vielfältigen Varianten der Liefer- und Zahlungsbedingungen verschaffen. Allerdings lassen sich Lieferanten in der Anfangsphase einer Geschäftsbeziehung oft nur schwer von ihren Forderungen abbringen. Im Laufe der Zeit, wenn erste Aufträge erfolgreich abgewickelt und zuverlässig bezahlt wurden, wächst das Vertrauen und damit die Bereitschaft zu Zugeständnissen.

Hier eine Übersicht über die wichtigsten Zahlungsbedingungen für internationale Geschäfte. Sie unterscheiden sich in nichtdokumentär und dokumentär:

1. Nichtdokumentäre Zahlungsbedingungen

– *Zahlung gegen »offene Rechnung« (Clean Payment):* Die günstigste Zahlungsbedingung für Einkäufer. Denn der Verkäufer verzichtet auf jegliche Zahlungssicherung. In den meisten Fällen wird dieses Entgegenkommen jedoch nur bei längeren Geschäftsbeziehungen gezeigt.

– *Vorauszahlung (Cash before Delivery/Advance Payment):* Die schlechteste Zahlungsbedingung für Einkäufer.

– *Anzahlung (Down Payment/Abschlagszahlung):* Solche Vereinbarungen werden vor allem bei langen Lieferzeiten getroffen. Kunde und Lieferant teilen sich damit die Risiken zumindest zu einem gewissen Teil.

– *Zahlung bei Lieferung (Cash on Delivery – cod):* Diese Zahlungsbedingung ist für den Kunden wenig schmeichelhaft. Denn sie signalisiert das geringe Vertrauen des Lieferanten in die Zahlungsmoral des Auftraggebers. Sie bleibt bei Auslandsgeschäften auf Land- und Lufttransporte beschränkt. Der Spediteur übernimmt das Inkasso bei Auslieferung.

2. Dokumentäre Zahlungsbedingungen

– *Dokumenten-Inkasso:* Bei diesen Verfahren beauftragt der Lieferant sein Kreditinstitut, dem Kunden gegen Zahlung oder Akzeptierung eines Wechsels die notwendigen Dokumente auszuhändigen, die ihn berechtigen, über die Waren zu verfügen. Der Käufer muss jedoch das Risiko eingehen zu zahlen, ohne vorher die Lieferung begutachten zu können. Die Übergabe der Dokumente kann nach diesen Zahlungsbedingungen erfolgen:

- Dokumente gegen Zahlung (c/d – Cash against Documents oder d/p – Documents against Payment): Die Dokumente werden gegen Zahlung des vollen Kaufpreises übergeben.
- Dokumente gegen Akzept (d/a – Documents against Acceptance): Der Kunde bekommt ein mit einem Wechsel abgesichertes Zahlungsziel eingeräumt.
- Dokumenten-Akkreditiv (Letter of Credit): In diesem Fall erhält der Lieferant den Kaufpreis von einer Bank, sobald er bestimmte Dokumente einreicht. Das Kreditinstitut zieht den Rechnungsbetrag beim Kunden oder dessen Bank ein

und übernimmt damit gegenüber dem Exporteur auch das Risiko eines Zahlungsausfalls. Besonderer Vorteil eines Akkreditivs: Der Importeur kann sicher sein, dass die Zahlung an seinen Auftragnehmer nur erfolgt, wenn gewährleistet ist, dass dieser die Erfüllung aller Akkreditivbedingungen mit Hilfe von Dokumenten nachgewiesen hat.

Diese Akkreditivarten gibt es:

- *Unwiderrufliches Akkreditiv/widerrufliches Akkreditiv (Irrevocable/Revocable L/C):* Unwiderrufliche Akkreditive sind der Normalfall, da widerrufliche Akkreditive von der eröffnenden Bank bis zum Erhalt der Dokumente geändert oder annulliert werden können – ohne Einverständnis des Exporteurs.
- *Unbestätigtes/Bestätigtes Akkreditiv (Non-confirmed/Confirmed L/C):* Bei unbestätigten Akkreditiven haftet ausschließlich die ausländische Bank des Importeurs für die Zahlung des Kaufpreises. Bei bestätigten Akkreditiven wird eine weitere Bank, meist das Kreditinstitut des Lieferanten beauftragt, ein zusätzliches Zahlungsversprechen zu geben.
- *Sicht-Akkreditiv/Akkreditiv mit Zahlungsziel (Sight-/Deferred Payment):* Bei einem Sicht-Akkreditiv erfolgt die Zahlung »Zug um Zug« gegen Einreichung der Dokumente bei der Bank. Das Kreditinstitut hat maximal sieben Tage Zeit, die vorgelegten Unterlagen zu prüfen. Akkreditive auf Zeit enthalten ein Zahlungsziel.
- *Revolvierendes Akkreditiv (Revolving L/C):* Diese Akkreditivart kann vereinbart werden, wenn es darum geht, die fälligen Forderungen aus längeren Lieferverträgen abzusichern.

Grundsätzlich sollten Unternehmen bei den Zahlungsbedingungen also das Clean Payment bevorzugen. Machen Sie aber bitte nicht den Fehler und sehen Sie die Zahlungsbedingungen losgelöst von dem Logistikkonzept. Das kann nämlich viel Geld kosten. So präferierte ein Unternehmen grundsätzlich das Incoterm CIF (Cost, Insurance, Freight). Dieses vermeintliche »Rundum-Sorglos-Paket« sichert zwar die Lieferung bis zum Verschiffungshafen; direkter Einfluss auf die Speditionskosten und die Auswahl des Spediteurs lässt sich dann allerdings nicht nehmen. Vereinbaren Sie deshalb immer die Incoterms Ex-Works oder Free on board. Damit bleibt die Auswahl des Logistikspezialisten beim Käufer. Die Konditionen sind damit direkt verhandelbar. Wie sieht also der idealtypische Prozess aus? Hierzu eine Abbildung:

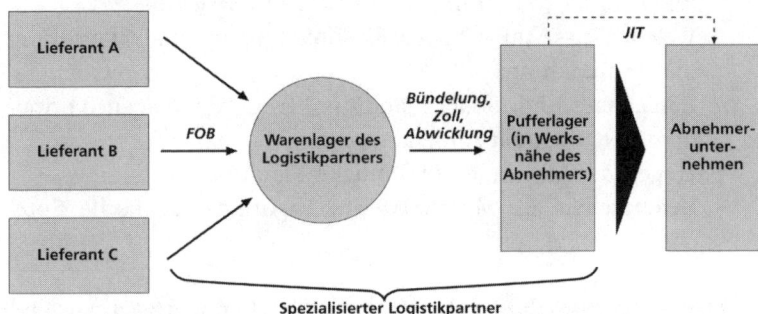

Abb. 10 Idealer Logistikprozess
Quelle: Kerkhoff Consulting

Der Lieferant liefert FOB in ein Warenlager beziehungsweise in ein Konsignationslager. Dort bündelt ein Logistikpartner Waren verschiedener Lieferanten und bringt sie nach Deutschland. Er übernimmt alle administrativen Abwicklungen sowie den Zoll, betreibt ein Pufferlager in Werksnähe aus dem der Kunde das benötigte Material abruft. Durch den Aufbau von Pufferlagern ist auch die Just-in-Time-Belieferung (JIT) kein Problem mehr.

Im Fokus: Der erste persönliche Eindruck

Wer seinen Lieferantenpool auf ganz wenige potenzielle Kandidaten reduziert hat, muss sich vor der endgültigen Entscheidung unbedingt das Unternehmen anschauen. Denn man kennt es ja aus dem täglichen Leben: Häufig trägt der erste Eindruck maßgeblich zur Entscheidungsfindung bei. Die Kosten für den Besuch und der Zeitaufwand sind also nach unseren Erfahrungen unumgänglich. Es sei denn: Man denkt über eine Produktion von Teilen nach, die nur ganz geringe technologische oder produktionstechnische Voraussetzungen erfordern und von wenig qualifizierten Mitarbeitern gefertigt werden können. In allen anderen Fällen ist ein Besuch notwendig. Dann gehören diese Fragen auf die Checkliste:

- Ist das Materiallager aufgeräumt und übersichtlich sortiert?
- Wie sind die Waren im Ausgangslager verpackt?
- Welche Ausstattung haben die Abteilungen Qualitätsprüfung und Entwicklung?
- Wie sauber und modern sind die Fertigungsanlagen, Verwaltungsgebäude und Außenanlagen?
- Tragen die Mitarbeiter ordentliche Kleidung?
- Beherrschen die Mitarbeiter im Export die englische Sprache?

Man sieht also, dass sich mit diesen Recherchen wichtige Eindrücke von den tatsächlichen Verhältnissen bei einem möglichen Lieferanten sammeln lassen. Denn der alte Spruch »Papier ist geduldig« zählt auch bei Selbstauskünften oder bei der Teilnahme an Ausschreibungen immer noch. Es ist deshalb ratsam, sich für den Besuch genügend Zeit zu nehmen und die Produktionsabläufe vor Ort ganz genau zu beobachten. Davon sollten die Mitarbeiter möglichst nichts bemerken und ihrer Tätigkeit deshalb wie üblich und ungehemmt nachgehen. Versuchen Sie außerdem im Ausgangslager einen Blick auf die Versandetiketten der Fertigwaren zu werfen. Mit den Namen der Empfänger lassen sich nicht nur zusätzliche Referenzen identifizieren. Es ist auch interessant zu wissen, ob nicht vielleicht ein paar Wettbewerber zu den Kunden des möglichen Lieferanten gehören. Hilfreich ist es auch, dass Sie Ihre Mitarbeiter mit einer umfassenden Checkliste ausstatten, wenn sie den Lieferanten besuchen. Dieser Fragenkatalog integriert sämtliche Unternehmensbereiche, die zur Einschätzung eines Lieferanten notwendig sind. Auch wenn dieser äußerst umfangreich ist, empfiehlt sich die schrittweise Abarbeitung. Nur so kann man den Lieferanten wirklich am Ende eines Tages detailliert bewerten. Hier das Beispiel einer möglichen Checkliste:

Checkliste: Persönliche Lieferantenbewertung vor Ort
Qualitätsmanagementsystem
1. Verfügt der Lieferant über ein umfangreiches Qualitätsmanagementhandbuch?
2. Werden die Qualitätsprozesse regelmäßig überprüft?
3. Hat der Lieferant einen genauen Qualitätsleitfaden/-handbuch für die Mitarbeiter?
4. Hat das Management Vorgehensweisen, Pflichten und Ziele für das Qualitätswesen formuliert?
5. Sind die Mitarbeiter mit den Vorschriften und Vorgehensweisen, die im Qualitätshandbuch aufgeführt werden, vertraut?
6. Führt das Unternehmen Qualitätstrainings durch?
7. Berichtet der Qualitätsmanager an das Top-Management?
8. Sind ausreichende personelle, infrastrukturelle sowie maschinelle Ressourcen vorhanden, um die Qualitätsvorgaben zu erreichen?
9. Führt das Unternehmensmanagement regelmäßige Reviews durch?
10. Werden bei diesen Überprüfungen Qualitätsabweichungen berücksichtigt und entsprechende Maßnahmen getroffen, um solche Defizite zu beseitigen?
11. Wird die Performance der Zulieferer in die Reviews einbezogen?
12. Überprüft das Management die Kundenzufriedenheit?
13. Existiert zusätzlich zu den Qualitätskontrollen während der Produktion und nach Fertigstellung ein weiteres Qualitätssicherungssystem?
14. Besitzen die Qualitätsauditoren eine spezielle Ausbildung und sind nicht der Fertigung unterstellt?
15. Gibt es an kritischen Stellen in der Produktion Kontroll-Charts, die über entstandene Probleme Aufschluss geben?
16. Wird der Fertigungsprozess sofort korrigiert oder gestoppt, wenn Qualitätsprobleme auftauchen?

Beschaffungsmanagement
1. Wird die Beschaffung aufgrund von ausreichenden, schriftlich formulierten Handlungsanweisungen durchgeführt?

2. Werden bereits bei der Beschaffung Anforderungen der Kunden berücksichtigt?
3. Werden Zulieferer systematisch beurteilt?
4. Verwendet das Unternehmen bei allen Beschaffungsvorgängen eine genehmigte Lieferantenliste?
5. Gibt es einen vorgeschriebenen Prozess, um neue Lieferanten auszuwählen?
6. Wie hoch liegt der Prozentsatz von fehlerhaftem Material am Beschaffungsvolumen?

Lagermanagement
1. Wird die Qualität der eingehenden Waren konsequent untersucht?
2. Gewährleisten es die Kontrollen, dass kein ungeprüftes Material in das Lager oder in die Produktion gelangt?
3. Wird das geprüfte Material mit einem deutlichen Hinweis versehen, ob die Prüfung positiv oder negativ verlaufen ist?
4. Wird beanstandetes Material deutlich von geeignetem Material separiert?

Dokumentation
1. Gibt es ein effizientes System für den Umgang und die Archivierung von kundenspezifischen Unterlagen?
2. Wird die Durchführung von Änderungen, die auf Kundenwünschen beruhen, sorgfältig überprüft?
3. Werden über die Qualitätsprüfungen Aufzeichnungen angefertigt?

Auftragsabwicklung
1. Werden Aufträge daraufhin überprüft, ob während der Abwicklung sämtliche Anforderungen eingehalten werden?
2. Sind in diese Überprüfung auch Abteilungen wie Produktion oder Qualitätskontrolle involviert?
3. Versendet das Unternehmen nach Auftragseingang eine Bestätigung mit sämtlichen Details wie zum Beispiel Menge oder Qualität?
4. Besteht die Möglichkeit, den Produktionsstatus eines Auftrags vom Eingang bis zur Lieferung zu verfolgen?

5. Gibt es ein verbindliches Verfahren, um die notwendigen Informationen für eine Auftragsüberprüfung an die beteiligten Abteilungen weiterzuleiten?

Design und Entwicklung

1. Sind Spezifizierungen des Designs inklusive der spezifischen Kundenwünsche klar definiert und werden sie dokumentiert?
2. Wird das Design in regelmäßigen Abständen überprüft?
3. Wird das fertige Design mit den Anforderungen des Kunden abgeglichen?
4. Werden Designveränderungen von autorisiertem Personal geprüft und genehmigt?

Kalibrierung/Eichung

1. Werden alle notwendigen Messinstrumente und -vorrichtungen in regelmäßigen Abständen auf Genauigkeit überprüft?
2. Sind die Kalibrierungsstandards mit nationalen und internationalen Standards vergleichbar?
3. Wird die Kalibrierung von einem qualifizierten Team vorgenommen?
4. Werden beanstandete Werkzeuge und Messgeräte nicht mehr benutzt?
5. Werden neue oder bearbeitete Werkzeuge vor dem ersten Gebrauch kalibriert?

Produktions- und Prozesskontrolle

1. Nutzt das Unternehmen ein effizientes System, um die Produktionsprozesse zu kontrollieren?
2. Gibt es an wichtigen Stellen in der Produktion Prozesskontrollen, zum Beispiel Tests?
3. Werden Änderungen der Produktionsprozesse kontrolliert, genehmigt und dokumentiert?
4. Löst das Prozesskontrollsystem notwendige Maßnahmen aus, falls Probleme auftauchen?
5. Werden die notwendigen Maßnahmen dokumentiert?
6. Gab es in letzter Zeit Kundenreklamationen aufgrund von internen Prozessfehlern?

Schlusskontrolle

1. Wird die Schlusskontrolle von Mitarbeitern durchgeführt, die nicht zum Produktionsteam gehören?
2. Gibt es eine ausreichende technische Ausstattung sowie ausführliche Anweisungen für die Schlusskontrolle und werden diese tatsächlich genutzt?
3. Wird die Schlusskontrolle systematisch bei allen Produkten durchgeführt oder werden Stichproben entnommen?
4. Beinhaltet die Schlusskontrolle eine Prüfung, ob Kundenanforderungen bezüglich Kennzeichnung und so weiter erfüllt wurden?
5. Werden die Ergebnisse der Schlusskontrolle systematisch dokumentiert?

Umgang mit Qualitätsabweichungen

1. Gibt es ein Komitee, das die Gründe für wesentliche Qualitätsabweichungen identifiziert?
2. Gehören zu diesem Komitee Mitarbeiter aus allen beteiligten Abteilungen?
3. Werden die Gründe für wesentliche Qualitätsabweichungen gemeinsam untersucht?
4. Wird das mangelhafte Material sorgfältig überprüft, von anderem Material separiert und dokumentiert?
5. Werden Anweisungen für den weiteren Umgang mit dem Material von dafür autorisierten Mitarbeitern gegeben?
6. Gibt es eine abgeteilte Zone, in der das mangelhafte Material gelagert wird?
7. Haben unbefugte Personen keinen Zutritt zu dieser Zone?
8. Wird Material, das für nicht gut befunden und deshalb noch einmal bearbeitet wurde, erneut kontrolliert?
9. Existieren Vorschriften, wie mangelhaftes Material aufzuarbeiten ist?
10. Werden Aufzeichnungen über mangelhaftes Material analysiert?

Lagerung, Verpackung und Transport

1. Macht die Fabrik einen sauberen, gepflegten Eindruck?
2. Ist das Material, das zur Auslieferung bereitsteht, deutlich gekennzeichnet und/oder separiert?
3. Gibt es schriftliche Instruktionen für die Verpackung und werden sie befolgt?
4. Existieren Lagermöglichkeiten, die ausreichend gegen Diebstahl gesichert sind?

Kundenbetreuung

1. Gibt es ein spezielles Verfahren mit dem Kundenempfehlungen und -kommentare bearbeitet und aufgezeichnet werden?
2. Gibt es ein spezielles Verfahren mit dem Kundenbeschwerden bearbeitet und aufgezeichnet werden?
3. Ist ein effizientes Kommunikationssystem vorhanden, um den Kunden zu informieren, falls der Auftrag nicht wie vorgesehen ausgeführt werden kann?
4. Werden Kundenanfragen sowie -beschwerden rasch und ausführlich bearbeitet?

Im Fokus: Die zielführende Verhandlungsstrategie

Gleichgültig, ob Einkäufer mit nationalen oder internationalen Lieferanten verhandeln, das Ziel der Gespräche ist immer dasselbe: beste Preise und Top-Qualität bei gleichzeitiger hoher Versorgungssicherheit. Die »hohe Kunst«, diese Vorgaben zu erreichen, besteht darin, herauszufinden, bis zu welchem Punkt der potenzielle Lieferant bereit ist »mitzugehen« und nicht verärgert den Verhandlungstisch verlässt. Außerdem verschafft sich ein geschickter Einkäufer vor dem ersten Gespräch umfassende Kenntnisse über die Situation der Branche seines Gegenübers, die Preis- und Nachfrageentwicklung bei seinen Produkten sowie die Zukunftsaussichten des jeweiligen Industriebereiches. Mit diesen Voraussetzungen lässt sich auf gleichem Niveau diskutieren und der Beschaffer ist jederzeit in der Lage, die Lieblingsargumente vieler Verkäufer, wie beispielsweise die Rohstoffpreise wären wieder stark gestiegen, zwar freundlich, aber dennoch nachdrücklich zu entkräften. Die Folge: Der Verhandlungspartner verliert seine Argumente und kann deshalb seine Vorstellungen in der Regel nicht durchsetzen.

Ein Patentrezept, wie ein Einkäufer mit Sicherheit aus den Verhandlungen als Sieger hervorgeht, gibt es allerdings nicht. So kann es sich zum Beispiel in einigen Fällen als zweckmäßig erweisen, besonders aggressiv vorzugehen und dem Verkäufer knallharte Forderungen zu präsentieren. Solche eindimensionalen Strategien sind aber meist wenig Erfolg versprechend, zumindest wenn es darum geht, eine langfristige Zusammenarbeit aufzubauen und zu pflegen. Denn im Laufe der Zeit wird der Lieferant auf die Aggressivität gelassen reagieren und sich nicht schrecken lassen, an seinen Vorstellungen weitgehend festzuhalten. Genauso schnell geht man natürlich auf andere Vorgehensweisen ein, zum Beispiel auf eine zur Schau gestellte Überheblichkeit, mit der ein Einkäufer suggerieren will, er sei eigentlich gar nicht auf die Produkte des Verkäufers angewiesen.

Es empfiehlt sich deshalb eine flexible Gesprächsstrategie anzuwenden, die sich während der Verhandlung ändert. Auf einen Nenner gebracht, könnte man banal ausgedrückt sagen: Man muss klare Aussagen machen, aber dennoch ein »netter Kerl« bleiben. So gilt es in den ersten Minuten eine angenehme Atmosphäre zu schaffen und im weiteren Verhandlungsverlauf abwechselnd als Fordernder und dann aber wieder als verständiger Partner aufzutreten, mit dem die Zusammenarbeit zum beiderseitigen Erfolg werden könnte. Dabei zahlt es sich meistens aus, abwechselnd die Gesprächsleitung zu übernehmen und dann wieder in die Rolle des aufmerksamen Zuhörers zu wechseln.

Konzentrieren Sie sich bei den Verhandlungen jedoch nicht allzu sehr darauf, optimale Preise und Leistungen zu erzielen. Bemühen Sie sich außerdem, die eigenen Vorstellungen von den Geschäfts- und Zahlungsbedingungen durchzusetzen. Für solches Entgegenkommen will ein Verkäufer natürlich eine entsprechende Gegenleistung. In Aussicht gestellte hohe Abnahmemengen oder die Möglichkeit, die Zusammenarbeit zügig auszubauen, können zu solchen Zugeständnissen führen.

Grundsätzlich lässt sich also sagen, dass Verkaufsgespräche in aller Welt letztlich vergleichbar sind. Es gilt jedoch in Asien, in Osteuropa und in der Türkei einige Besonderheiten zu beachten, die sich mit den unterschiedlichen Charakteren und Mentalitäten der Menschen in diesen Regionen begründen. Internationale Verhandlungs- und Gesprächsführung ist bezogen auf die Vielzahl der Länder sehr komplex und lässt sich sicherlich in der Einzelbetrachtung eines Landes sehr umfangreich darstellen. An dieser Stelle des Buches können Sie in einer kurzen Länderübersicht die wesentlichen Merkmale und Unterschiede zwischen Westeuropäern und Unternehmen aus den neuen Beschaffungsländern kennen lernen.

Verhandlungen in China

Handeln gehört in China zur Lebenskultur. Selbst in Kaufhäusern können die Kunden um Preise feilschen. Deshalb fühlt sich auch kein Geschäftsmann brüskiert, wenn er Preiszugeständnisse machen soll. Es ist jedoch sinnlos, Nachlässe zu erzwingen. An diese Konzessionen mag man sich dann bei der Rechnungsstellung hin und wieder nicht mehr so gerne erinnern. Die fehlende Vertragssicherheit nimmt dem Kunden jede Chance, gegen dieses Verhalten vorzugehen. Es bleibt also nichts anderes übrig, als den in Rechnung gestellten höheren Preis zu zahlen. Verhandlungen sind deshalb der einzige Weg, um zu einem verlässlichen Ergebnis zu kommen. Und die können langwierig sein. Denn chinesische Verkäufer bauen viele Nebenschauplätze auf, halten sich zum Beispiel lange mit der Erläuterung ihrer Expansionspläne auf. Entscheidungsbefugte sind ausschließlich der Firmeninhaber und das Top-Management. Gespräche mit deren Untergebenen kosten Zeit und führen letztlich zu keinem Ergebnis. Sollte der Unternehmer mit am Verhandlungstisch sitzen, wird er vermutlich in der ersten Phase des Gespräches seinen Betrieb voller Stolz ausführlich präsentieren. Wer in dieser Phase erkennen lässt, wie wenig ihn diese Ausführungen interessieren, verschafft sich von vornherein eine schlechte Verhandlungsposition. Verfolgen Sie dieses Ritual also mit höflicher Miene und signalisieren Sie Anerkennung für die unternehmerische Leistung. Genau so wird Ihnen aber auch der Unternehmer Bewunderung entgegenbringen, wenn Sie mit Statussymbolen aufwarten können. Dinge wie eine gute Adresse in einem renommierten Büro-Distrikt oder ein luxuriöses Auto finden bei chinesischen Geschäftsleuten großen Anklang. Ein kleines Geschenk aus Deutschland sorgt für zusätzliche Aufgeschlossenheit. Allergisch reagieren chinesische Firmenlenker jedoch, wenn ein Verhandlungspartner darauf aus ist, ihn zu einem Gesichtsverlust gegenüber den Mitarbeitern zu bringen. Dies dokumentiert sich in der oftmals großen Härte, mit der Unternehmer in China auftreten, wenn sie, wie so häufig, von einer Vielzahl von Angestellten begleitet werden. Außerdem kann es passieren, dass der potenzielle Lieferant zunächst mit einem überzeugenden »Ja« antwortet, später aber seine Zusagen nicht einhält.

Höflichkeit und Respekt sind wesentliche Erfolgsfaktoren für westliche Einkäufer. Kompromisse erweisen sich in der Regel als guter Weg, um seinem Gegenüber den gefürchteten Gesichtsverlust zu ersparen. Wer in Shanghai eine neue Lieferantenbeziehung aufbauen will, kann sich allerdings inzwischen darauf verlassen, dass er es mit Gesprächspartnern zu tun haben wird, die genauso wie westliche Manager reagieren. Hier wird einem ausländischen Gast denn auch die Visitenkarte nicht auf traditionelle Art mit beiden Händen überreicht, sondern lässig mit nur einer Hand übergeben. In anderen Regionen gilt dies immer noch als unmöglich.

Verhandlungen in Indien

Ähnlich wie in China sind Höflichkeit und Respekt die zentralen Elemente für erfolgreiche Verhandlungen. Es gibt jedoch einige Unterschiede zwischen chinesischem und indischem Geschäftsgebaren. Sie begründen sich aus den jahrhundertelangen Erfahrungen des Volkes mit ausländischen Handelspartnern. So ist in Indien hartes Verhandeln Tradition. Dabei gilt es besonders aufzupassen. Denn mancher Inder hat den fast schon sportlichen Ehrgeiz, potenzielle oder vorhandene Geschäftspartner zu höchst möglichen Zugeständnissen zu bringen. Es kann zum Beispiel übertrieben sein, wenn sich ein Verkäufer mit seinen besonders guten Branchen- und Marktkenntnissen zu profilieren versucht. Erkennt er jedoch, dass der Einkäufer durchaus in der Lage ist, dies zu durchschauen und selbst über aktuelle Informationen verfügt, ist das Fundament für erfolgreiche Diskussionen geschaffen. Bei den Verhandlungen kann man getrost davon ausgehen, dass der zuerst genannte Preis vollkommen unrealistisch war. Es bestehen in der Regel noch enorme Spielräume. Sobald das erste Geschäft abgewickelt ist, weicht die anfängliche Verhandlungsstrategie einem freundschaftlichen, oft sogar familiären Umgang. Gesprächsstoff gibt es dann meist genug: Viele indische Manager haben an führenden internationalen Hochschulen studiert und kennen sich in der westlichen Welt bestens aus.

Verhandlungen in der Türkei

Türkische Unternehmen mussten in der Vergangenheit mit außerordentlich hohen Inflationsraten fertig werden. Das führt auch heute noch dazu, dass einige Manager in relativ kurzen Zeiträumen denken. Für einen Einkäufer gilt es deshalb häufig erst einmal darzustellen, welche strategischen, langfristigen Vorteile es haben könnte, mit ihm eine Lieferantenbeziehung einzugehen und sich auf Dauer im deutschen Markt zu etablieren. Geht es dann um das Verhandeln, erweisen sich türkische Unternehmer als Profis und kombinieren die viel zitierte »Bazar-Mentalität« mit europäischer Coolness. Harmonie gehört jedoch zu den wichtigen Voraussetzungen für anhaltend erfolgreiche Geschäfte. So signalisiert ein türkischer Verkäufer seinem Gegenüber sehr schnell, ob er ihn mag oder nicht. Fällt der »Schnelltest« positiv aus, sind die Weichen für eine erfolgreiche Zusammenarbeit gestellt. Allerdings darf man den Zusagen nicht immer trauen. Während ein indischer Lieferant deutlich sagt, wenn er nicht in der Lage ist, eine bestimmte Leistung zu erbringen, versprechen Geschäftsleute aus der Türkei manchmal zunächst viel und können es möglicherweise später nicht halten. Es empfiehlt sich also genau zu überprüfen, ob das türkische Unternehmen tatsächlich die angebotene Leistungspalette liefern kann. Und noch ein Tipp eines türkischen Unternehmers: »Lassen Sie sich nicht von der Gastfreundschaft meiner Landsleute einlullen.«

Verhandlungen in Osteuropa

Die Zeiten sind vorbei, in denen Verhandlungserfolge mit osteuropäischen Unternehmen in erster Linie von der Trinkfestigkeit der westlichen Gesprächspartner abhingen. Vor allem Firmen in den EU-Beitrittsländern handeln ähnlich wie Mitarbeiter und Manager westeuropäischer Betriebe. Es wirkt deshalb auch nicht gerade überzeugend, wenn Einkäufer aus Deutschland mit einer gehörigen Portion Überheblichkeit in diese Staaten reisen und dort ihre vermeintliche Verhandlungsmacht ausspielen wollen. Englisch hat inzwischen Russisch als Verhandlungssprache abgelöst. Häufig wird sogar Deutsch gesprochen. Vertriebsleute in höheren Positionen führen die Gespräche, die von großer Gastfreundschaft geprägt sind. Missstimmung gibt es allerdings, wenn westeuropäische Einkäufer völlig unrealistische Preisvorstellungen äußern. Dann kann es durchaus zum Abbruch der Gespräche kommen. Denn die Verkäufer verfügen meist über ausgezeichnete Marktkenntnisse und kennen ihren Wettbewerb ziemlich genau.

Die endgültige Lieferantenauswahl

Nachdem Sie sich nun einen persönlichen Eindruck von potenziellen Zulieferern verschafft und deren Qualifikation aufgrund von vielfältigen Kriterien getestet haben, geht es jetzt darum, die Entscheidung zu treffen. Es kann allerdings sein, dass Ihnen die endgültige Auswahl immer noch schwer fällt. Das ist übrigens nichts Ungewöhnliches. Oftmals müssen die zahlreichen relevanten Kriterien deshalb noch einmal sorgfältig gegeneinander abgewogen werden. In diesen Prozess sollte man die Entscheidungsträger aus sämtlichen Abteilungen beteiligen, wie zum Beispiel aus Forschung und Entwicklung, Produktion, aus dem Finanzressort und Qualitätsmanagement. Bei wesentlichen Entscheidungen, die strategische Auswirkungen haben, sollte auch das Top-Management grundsätzlich einbezogen werden.

Sollte auch dann noch keine hundertprozentige Einigkeit zu erzielen sein, bietet sich als zusätzliches Entscheidungsinstrument ein so genanntes Scoring-Modell an, bei dem die unterschiedlichen Bewertungskriterien gewichtet werden.

	Lieferant A	Lieferant B	Lieferant C
Qualität			
• Samples	++	++	+
• Referenzprüfung	+	++	++
• Lieferantenbesuch	~	+	~
• etc.			
Preis	++	+	~
Konsignationslager	ja (++)	nein (–)	ja (++)
Lieferbedingungen	Ex Works (–)	DDP (++)	FOB (–)
Zahlungsbedingungen	Offene Rechnung (++)	Dokumenten-Akkreditiv (~)	Vorauszahlung (+)
Kapazität	~	+	++
Verhandlungsklima	+	~	++
etc.			

Legende: ++ = sehr gut; + = gut; ~ = befriedigend; – = ausreichend

Abb. 11 Beispiel für finale Lieferantengegenüberstellung
Quelle: Kerkhoff Consulting

Das Beschaffungscontrolling –
Basis für nachhaltigen Global-Sourcing-Erfolg

Konsequentes Controlling macht den Erfolg einer Strategie messbar und deckt mögliche Defizite auf. Damit wird dieses Instrument zum integralen Bestandteil für nachhaltiges, renditeorientiertes Beschaffungsmanagement. Das gilt vor allem für den Bereich Global Sourcing, mit dem viele Unternehmen noch keine Erfahrungen gesammelt haben und deshalb ganz besonders darauf angewiesen sind, ihre aktuelle Einkaufssituation immer wieder zu überprüfen und zu optimieren. Beschaffungscontrolling im internationalen Einkauf hat immer zwei Dimensionen. Die erste umfasst die Kennzahlen eines internationalen Beschaffungscontrollings, das heißt, welche Kennzahlen sollten prinzipiell im Einkauf verwendet werden, um die Qualität einer Beschaffungsorganisation messbar zu machen. Die zweite Dimension bezieht sich auf das Controlling des eigentlichen Global-Sourcing-Prozesses. Bei dieser Betrachtung des Prozesses geht es um subjektive Kriterien, die in der Regel wenig valide sind.

Beschaffungscontrolling erlaubt es nämlich auch, die Effizienz der Einkäufer zu analysieren und zu steuern. Bislang werden die Mitarbeiter in den Beschaffungsabteilungen von ihren Vorgesetzten, wenn überhaupt, nur mit Hilfe von wenig aussagefähigen Kriterien bewertet. Dazu gehören zum Beispiel die Zahl der erledigten Bestellungen oder das bearbeitete Bestellvolumen. Fähigkeiten, die nachhaltig dazu beitragen können, den Beitrag des Einkaufs zum Unternehmensergebnis zu erhöhen, bleiben weitgehend unberücksichtigt. So beurteilt kaum ein Arbeitgeber das Talent seiner Einkäufer im strategischen Bereich, ihre Durchsetzungsfähigkeit oder ihre zielführende Kooperation mit anderen Abteilungen.

Prinzipiell lässt sich jedoch feststellen, dass Controlling – egal ob in national oder international orientierten Beschaffungsorganisationen – ein Fremdwort ist. Natürlich wird situativ ein Kostenrahmen vorgegeben. Selbstverständlich ist auch das Kostenbudget je Fachabteilung bekannt und darüber hinaus weiß auch die strategische Controllingabteilung, wie viel Materialaufwand die Gewinn- und Verlustrechnung verträgt. Aber ein wirkliches Beschaffungscontrolling existiert häufig nicht. Wenn unsere Berater dann in einem ersten Schritt die Controllingbasis des Kunden analysieren, stellen sie immer wieder fest, dass in der Beschaffungsabteilung gar nichts geplant wird. Wie soll man aber etwas »controllen«, was nicht geplant wird? Controlling funktioniert nur dann, wenn es auch eine quantifizierbare Zielsetzung gibt.

Im Rahmen der Projektumsetzung erfahren wir allerdings immer wieder, dass Beschaffungscontrolling nur dann zum wirkungsvollen Tool wird, wenn im Unternehmen einige Grundvoraussetzungen erfüllt sind. Dazu zählt vor allem, dass

- ein Kennzahlenkonzept mit klarer Zieldefinition vorliegt und genutzt wird,
- sich das Unternehmen bei Kennzahlenentwicklung und -analyse ausschließlich auf die wichtigsten Bereiche fokussiert,
- mit Hilfe von Benchmarking aussagefähige Soll-Kennzahlen definiert werden,
- die Interpretation von Kennzahlen sowie die Planung von Maßnahmen zur Beseitigung von erkannten Defiziten nicht ohne vorherige Analyse erfolgt und
- dass die Abweichungsanalyse in sämtlichen beteiligten Abteilungen durchgeführt wird – nicht nur im Einkauf.

Die regelmäßige Kontrolle der Beschaffungskennzahlen schafft das Fundament, um die Renditeorientierung der Beschaffungstätigkeiten immer wieder auf den Prüfstand zu stellen und bei entdeckten negativen Abweichungen unverzüglich Gegenmaßnahmen zu ergreifen.

Natürlich reicht die alleinige Einführung eines Kennzahlensystems nicht aus, um den gesamten Global-Sourcing-Prozess zu kontrollieren. Die Einführung eines Global-Sourcing-Controlling ist als erster Schritt zu verstehen, das häufig in anderen Abteilungen eines Unternehmens existente Controlling auf den Bereich Einkauf zu übertragen. An dieser Stelle sei noch einmal betont, wurden diese Kennzahlen eingeführt, kann man trotzdem nicht davon ausgehen, dass Global Sourcing per se erfolgreich sein wird. Entsprechend sollte das Augenmerk wiederum auf den eigentlichen Global-Sourcing-Prozess gerichtet werden. Denn jeder Global-Sourcing-Prozessschritt ist – auch nach Vergabe des Auftrages – zu controllen.

Abb. 12 Global-Sourcing-Controlling
Quelle: Kerkhoff Consulting

Prinzipiell sollte ein Global-Sourcing-Controlling fünf Komponenten beziehungsweise Prüf-(Kontroll-)bereiche durchlaufen: 1. Qualität, 2. Logistik, 3. Kosten/Preise, 4. Lieferant(en) und 5. Beschaffungsmärkte. Die geographische Entfernung führt zu einem ganz anderen Controllingverständnis, so dass man nur die Empfehlung geben kann, so international vergebene Aufträge permanent zu controllen. Hier eine kurze Erläuterung, was unter Controlling in den fünf Prüfbereichen zu verstehen ist und welche Kennzahlen zu implementieren sind:

1. Qualitätskontrollen

Wer sich beispielsweise auf die Qualität eines aus Asien gelieferten Produktes so verlässt, als käme es direkt aus der unmittelbaren Umgebung, handelt kurzsichtig. Nicht dass asiatische Lieferanten unfähig sind, qualitativ einwandfreie Produkte zu liefern, es geht vielmehr um das Problem Qualitäten über Tausende von Kilometern sicherzustellen und zu kontrollieren. Adidas zum Beispiel gelingt dies, indem das Unternehmen regelmäßig Qualitätstests in eigener Regie direkt beim asiatischen Produktionspartner durchführt. Sich allein auf die Wareneingangskontrolle zu verlassen, reicht nicht aus. Selbst wenn es sich nur um einfachste Teile handelt, sollten Experten Ihres Unternehmens bei dem ausländischen Lieferanten vor Ort die Qualität prüfen. Nur so ist diese gesichert, und die Bereitschaft des Verkäufers aus Fehlern zu lernen, steigt dann überproportional.

Es stellt sich die Frage, wie oft sollte man Lieferanten besuchen? Die Antwort allein aus der Reklamationsquote oder der Liefertreue abzuleiten, wäre zu simpel. Eine Faustregel gibt es jedoch nicht. Besuche können in der Anfangszeit wöchentlich notwendig sein. Wenn die Geschäftsbeziehung etabliert ist, reicht natürlich eine geringere Besuchsfrequenz. Die absolute Sicherheit wird man bei Lieferanten aus den Schwellenländern jedoch nicht erhalten. Regelmäßige Besuche in Quartalsabständen sind deshalb Pflicht. Bei Adidas ist der Qualitätsmanager sogar permanent bei dem ausländischen Partner vor Ort. So umfangreich muss nicht immer geprüft werden. Führen Sie neben den Besuchen einfach unangemeldete

Audits durch. Dabei kontrollieren Sie den gesamten Produktionsprozess des Lieferanten. De facto durchläuft man einen ähnlichen – aufgrund der Zeitproblematik deutlich »abgespeckten« Lieferantentest wie er bereits im Rahmen der Checkliste zur Lieferantenbewertung vorgestellt wurde. Neben diesen typischen Qualitätsfragestellungen kann natürlich die Qualität beziehungsweise das Qualitätsniveau eines Lieferanten mittels konkreter Kennzahlen auch gemessen werden. Hierzu gehören unter anderem:

- Verzugsquote (Anteil verspäteter Lieferungen),
- Beanstandungsquote/Reklamationsquote,
- Mengentreue,
- Termintreue,
- Anzahl fehlerhaft gelieferter Produkte (Zuständigkeit: Produzent/Lieferant),
- Anzahl der Zertifizierungen/Einhalten von Zertifizierungen durch Produzenten/Lieferanten und
- Einhalten von Qualitätsstandards.

2. Logistikkontrollen

Wie bereits beschrieben, gehört die Logistik beziehungsweise ihre Organisation zu den ganz wesentlichen zentralen Bestandteilen eines erfolgreichen Global Sourcing. Ob es um die konkrete Disposition, die Bedarfsmeldung, den Lieferabruf, die konkrete Terminüberwachung, die Rechnungsprüfung, die Organisation externer Transporte, die Kommissionierung, die Einlagerung in Zwischenlager und so weiter geht, der Logistikprozess ist international weitaus komplexer als national. Auch hier sollte gezielt geprüft werden. Jeder einzelne Schritt vor Verlassen der Ware aus der Produktion bis zum Eintreffen in Ihrem Unternehmen ist zu planen und zu kontrollieren. Ihr spezialisierter Logistikpartner ist also genauso unter die Lupe zu nehmen, wie der eigentliche Produktlieferant. Ob es der unangemeldete Lagerbesuch am Hafen ist, das Messen der Leistung des Unternehmens durch Kennzahlen oder das permanente Vergleichen mit anderen Logistikanbietern. Nutzen Sie also auch hier sämtliche Tools eines modernen Beschaffungscontrollings. Kennzahlen, die im Rahmen des Logistik-Controlling genutzt werden, sind beispielsweise:

- Lagerumschlagshäufigkeiten,
- durchschnittliche Lagerdauer,
- Termintreue,
- Warentreue,
- Anzahl fehlerhaft gelieferter Produkte (Zuständigkeit: Logistikdienstleister),
- Anzahl der Zertifizierungen/Einhalten von Zertifizierungen des Logistikdienstleiters und
- Einhalten von Logistikqualitätsstandards.

3. Kosten-/Preis-Controlling

Zum Kernbestandteil effizienter Controllingsysteme gehört die permanente Überprüfung der Kosten der internationalen Beschaffung sowie der Preise. Nur zu oft ruhen sich die Beschaffungsorganisationen nach durchlaufenem Global-Sourcing-Prozess aus. Haben sie erstmal ihren asiatischen oder osteuropäischen Lieferanten identifiziert, setzt eine gewisse Trägheit ein. Schnell vergisst man, dass diese auch im Wettbewerb stehen. Kostenverbesserungen beim Lieferanten sollten deshalb zu Preiszugeständnissen bei Ihnen führen. Nur wer Kosten und Preise ständig international »benchmarkt«, betreibt ökonomisches Global Sourcing. Dafür steht das Beispiel eines Unternehmens aus der Holzwerkstoffindustrie. Durch die Ausrichtung des ehemals europäisch orientierten Einkaufs auf die weltweite Beschaffung konnten dort schon vor zwei Jahren bei ausgewählten Produkten Preisvorteile von bis zu 30 Prozent realisiert werden. Schon damals wurde ein internationaler »Preisscout« installiert, der sich ausschließlich darum kümmert, ständig Lieferanten-Benchmarks durchzuführen. Damit gelang es, das ohnehin schon gute Einsparergebnis sukzessive weiter zu verbessern. Auch Kosten und Preise können gemessen werden:

- Einzelpreisentwicklung des Produktes/der Dienstleistung,
- Preisnachlassquote,

- Preisindices bei rohstoffintensiven Produkten,
- Beschaffungsnebenkosten,
- Preisentwicklung in der Branche,
- Kostenentwicklung bei einzelnen Komponenten des Produktes (Stichwort: Wertanalyse),
- Preisentwicklung der Logistikdienstleistung und
- durchschnittliche Zahlungsziele.

Gerade das Kosten-/Preis-Controlling wird im Global Sourcing vernachlässigt. Zu sicher fühlt sich der Einkäufer im Global Sourcing nur aufgrund des Tatbestands, dass er global beschafft.

4. Lieferantencontrolling

Das Kosten-/Preis-Controlling geht einher mit der Kontrolle Ihrer internationalen Lieferanten. Ob Sie Rundgänge durch die Produktion machen, Branchenvergleiche durchführen oder selbst bei einfachen Teilen strategische Konzeptwettbewerbe mit unterschiedlichen Lieferanten veranstalten, prinzipiell haben Sie eine Reihe von Möglichkeiten, Ihre Lieferanten permanent zu controllen und durch entsprechendes Benchmarking zu Höchstleistungen aufzufordern. Auch hier greifen wiederum die bereits beschriebenen strategischen Beschaffungsmanagementansätze wie Make-or-Buy, Simultaneous Engineering, Wertanalysen oder Konzeptwettbewerbe. Zusätzlich Kennzahlen zu definieren, ist ratsam. Hierzu gehören unter anderem:

- Lieferantenanzahl je Warengruppe,
- durchschnittliche Menge je Bestellung,
- Verteilungsquote gemäß ABC-Analyse auf Lieferanten,
- Anteil der Kern- und Nebenlieferanten an der Gesamtzahl der Lieferanten,
- Lieferantenkonsolidierung und -aufbauquote (Anteil abgebauter Lieferanten sowie Anteil aufgebauter Alternativlieferanten an der Gesamtzahl der Lieferanten) und
- Erreichbarkeitsquote des Lieferanten.

5. Beschaffungsmarkt-Controlling

Natürlich muss man auch den ausgewählten Beschaffungsmarkt controllen. Sie haben in Kapitel 3 erfahren, mit welchen länderbezogenen Einflussfaktoren Beschaffungsmärkte – gerade in Schwellenländern – konfrontiert sind. Nur das wachsame Beobachten dieser Märkte, die umfassende Beschaffungsmarktforschung, führt dazu, dass Unternehmen von regionalen Entwicklungen nicht überrascht werden. Außerdem geht es bei diesem Controlling nicht nur darum, mögliche Länderkrisen zu antizipieren, sondern auch um die ständige Prüfung, wie lange der ausgewählte Beschaffungsmarkt unter Berücksichtigung aller relevanten Kostenfaktoren attraktiv ist.

Machen Sie aber bitte nicht den Fehler und konzentrieren Sie Ihr Controlling ausschließlich auf das Global Sourcing. Nur wenn grundsätzlich festgelegt wird, wie Beschaffungscontrolling umzusetzen ist, welche Kennzahlen permanent zu planen und zu kontrollieren sind und wer im Beschaffungscontrolling die Gesamtverantwortung trägt, macht es Sinn, ein Global-Sourcing-Controlling einzuführen. Auch hierzu noch der Vollständigkeit halber beispielhaft einige Kennzahlen, die in Ihrem Einkauf eingesetzt werden sollten:

- Beschaffungsvolumen,
- Lieferantenanzahl,
- Artikelanzahl,
- Anzahl der Warengruppen,
- Beschaffungsvolumen je Lieferant/je Artikel/je Warengruppe,
- Beschaffungsvolumenveränderung je Lieferant/je Artikel/je Warengruppe,
- Beschaffungsquote (Beschaffungsvolumen : Gesamtumsatz),
- Lagerquote (durchschnittlicher Lagerbestand : Gesamtumsatz),
- Einkaufsgemeinkostenquote (Einkaufsgemeinkosten : Beschaffungsvolumen),
- durchschnittlicher Wert pro Bestellung,
- Beschaffungsnebenkosten pro Einkaufsvolumen,

- Anzahl Bestellungen,
- Anzahl Bestellpositionen je Bestellung,
- Anzahl Wareneingänge,
- Kosten pro Bestellung,
- Bezugskostenquote (Anteil der Bezugskosten am Einkaufsvolumen),
- Durchlaufzeiten pro Bestellung,
- Umschlaggeschwindigkeit, -häufigkeit (Anteil Materialverbrauch am Lagerbestand),
- Rahmenvertragsquote (Anteil Lieferanten mit Rahmenvertrag an der Gesamtzahl der Lieferanten),
- Anzahl Schnittstellen mit anderen Abteilungen,
- Anzahl der Mitarbeiter im Einkauf,
- Anteil operativ und strategisch tätiger Einkaufsmitarbeiter,
- Anzahl Lieferanten je Mitarbeiter,
- Beschaffungsvolumen je Mitarbeiter,
- Mitarbeiterproduktivität,
- Nutzungsgrad von Informationstechnologien,
- Schulungszeit pro Mitarbeiter,
- Anzahl der von Mitarbeitern besuchten Fachmessen und
- Anzahl der Weiterbildungsmaßnahmen.

Beschaffungsorganisation – zielführende Aufgabenverteilung beim Global Sourcing

Ein auf Renditesteigerung fokussiertes Beschaffungsmanagement funktioniert natürlich nicht ohne eine schlagkräftige und hoch qualifizierte Organisation. Das klingt nicht überraschend. Doch wenn es darum geht, im Unternehmen eine neue Strategie zu implementieren und Strukturen zu verändern, scheitern deutsche Manager oftmals. Manche Unternehmenslenker sind sich vielfach nicht bewusst, welche konkreten Ziele sie mit dem Aufbau einer neuen Organisation verfolgen wollen und springen schlimmstenfalls ohne jegliche Reflexion auf einen Trend auf. Deswegen passiert es auch oft genug, dass der euphorisch angekündigte Einstieg in das Global Sourcing schon nach wenigen Monaten mit dem Ausstieg aus dem Projekt ein jähes Ende findet. Diese Gescheiterten gehören danach meist zu den vehementen Kritikern der weltweiten Beschaffung. Die Gründe für die Bruchlandung sind allerdings in den Unternehmen selbst zu suchen.

Deshalb sollten alle, die über Global Sourcing nachdenken, sich zunächst mit den notwendigen Rahmenbedingungen beschäftigen und detaillierte, realistische Ziele für ihr Vorhaben definieren. Denn eines ist natürlich klar: Je systematischer man sich mit dem Thema beschäftigt, desto erfolgreicher wird das Unternehmen. Analysieren Sie deshalb umfassend, wie Ihre heutige Beschaffungsorganisation aufgebaut ist. Wie positiv sich eine effiziente Organisation auf den Erfolg auswirken kann, zeigt ein weiteres Fallbeispiel.

Es handelt sich dabei um ein Industrieunternehmen, das an allen fünf Standorten Kugellager benötigt. Bei Analyse der Beschaffungsgewohnheiten konnte man feststellen, dass sämtliche Fertigungsstätten ihren Bedarf unterschiedlich deckten. Ein Standort kaufte bei einem Großhändler, ein weiterer bestellte dasselbe Kugellager direkt beim größten Lieferanten, und ein weiterer orderte bei einem regional produzierenden Lieferanten. Ein initiiertes Lead-Buyer-Konzept führte dazu, dass jetzt nur ein Standort einheitlich für die gesamte Organisation einkauft. Zudem wurde die Beschaffung konsequent auf Global Sourcing ausgerichtet. Nachhaltige Einsparpotenziale von mehr als 15 Prozent konnten auf diese Weise kurzfristig umgesetzt werden.

Dieses Ergebnis überzeugt. Bevor eine schlagkräftige Beschaffungsorganisation aufgebaut wird, sollten Sie aber festlegen, für welche Warengruppen Global Sourcing für das Unternehmen interessant sein könnte, welche Länder dafür in Frage kommen, ob die internationale Beschaffung als Vorstufe für den Einstieg in den Vertriebsmarkt des jeweiligen Landes dienen soll und welche Einsparpotenziale erreichbar sind. An den Erkenntnissen dieser Untersuchung orientiert sich auch der finanzielle und personelle Aufwand für die neuen Strukturen.

Erst dann lässt sich eine entsprechende Beschaffungsorganisation aufbauen. Und die gilt es wiederum bis ins kleinste Detail über Ihre konkreten Vorstellungen zu informieren. So müssen Sie unter anderem klar beschreiben können, welche Lieferanten gemäß Ihren Auswahlkriterien geeignet erscheinen.

Damit stellt die Einführung von Global Sourcing das Top-Management vor Herausforderungen, die oft genug unterschätzt werden und in der Praxis nur selten ohne externe Hilfe gemeistert werden können. Dazu später mehr. Hier zunächst der Aufbau einer Beschaffungsorganisation.

Es wurde bereits darauf hingewiesen, dass der klassische Einkäufer den weitaus größten Teil seiner Arbeitszeit mit operativen Tätigkeiten verbringt. Da bleiben für strategische Aufgaben kaum noch Freiräume, besonders wenn es darum geht, sich auf ein völlig neues Beschaffungsinstrumentarium, wie den weltweiten Einkauf, einzustellen. Deshalb macht es Sinn, operative und strategische Aufgaben auf unterschiedliche Mitarbeiter zu verteilen. Allerdings sollten die Strategen nach wie vor den Zugriff auf die Daten ihrer operativ tätigen Kollegen behalten und sich über Dinge wie Lieferzeitverzögerungen, bestehende Verträge etc. informieren können. Bei knappen Personalressourcen verbietet sich diese Aufteilung allerdings. Dann müssen die operativ und strategisch tätigen Einkäufer zumindest weitestgehend von Zeit raubenden Routineaufgaben befreit werden. Das funktioniert unter anderem durch die Nutzung von moderner Informationstechnologie, wie zum Beispiel E-Procurement.

Strategische Beschaffung und Global Sourcing erfordern von den Einkäufern allerdings ein höheres Maß an persönlicher und fachlicher Qualifikation als in der Vergangenheit. So reicht es jetzt längst nicht mehr aus, nur über den deutschen Markt und bestenfalls über die Verhältnisse in benachbarten Beschaffungsmärkten Bescheid zu wissen. Ein Global Sourcer muss den gesamten Weltmarkt für seine Produkte kennen und sich per PC, quasi auf Knopfdruck, die aktuellen Entwicklungen bei seinen Produkten auf den Bildschirm laden können. Möglichst sehr gute Fremdsprachenkenntnisse, insbesondere Englisch, sind ebenfalls Pflicht. Schul-Niveau reicht in den meisten Fällen nur aus, um mit einem ausländischen Lieferanten ein paar Höflichkeitsfloskeln auszutauschen. Technische und betriebswirtschaftliche Fragestellungen, mit denen sich ein Einkäufer neuer Prägung ebenfalls gut auskennen muss, lassen sich mit diesen schmalen Grundlagen keinesfalls diskutieren. Nicht zuletzt sollte einem Einkäufer, der weltweit recherchiert und mit internationalen Lieferanten zusammenarbeitet, bekannt sein, wie fremde Nationalitäten bei Verhandlungen reagieren und mit welchen Reaktionen der deutsche Gesprächspartner zu rechnen hat.

Damit werden Global Sourcer zu wertvollen Know-how-Trägern, deren Wissen man zumindest bei größeren Unternehmen in einem eigenen Kompetenzzentrum bündeln sollte. Bei der Aufgabenverteilung besteht die Möglichkeit, Länder- oder Produktverantwortliche zu benennen. Die Verbindung von beiden Verantwortlichkeiten kann natürlich ebenfalls sinnvoll sein. So wird die hohe Qualifikation der internationalen Beschaffer auch für andere Abteilungen – von der Forschung und Entwicklung, über das Finanzressort, Produktion und Logistik bis hin zu Marketing und Vertrieb – zum unverzichtbaren Erfolgswerkzeug. Keine Frage also, dass dieses Know-how schon sehr frühzeitig in Planungs- und Entscheidungsprozesse einbezogen werden muss. Die genaue Kenntnis der globalen Lieferantenstrukturen und -potenziale gibt bereits in diesem frühen Stadium wertvollen Aufschluss über die Wettbewerbssituation sowie realisierbare Einsparmöglichkeiten. Im Bereich Vertrieb ist die enge Kooperation mit dem weltweit aufgestellten Einkaufsressort häufig bereits Realität. Hier agieren in das Global Sourcing einbezogene Mitarbeiter als Wegbereiter, wenn es darum geht, neue Vertriebswege in den erschlossenen Beschaffungsmärkten zu identifizieren und später auch zu nutzen.

Es reicht jedoch nicht aus, nur im eigenen Unternehmen ein Global-Sourcing-Team zu installieren. Sie sollten auch mit einem Vertreter Ihres Vertrauens vor Ort, also in dem Beschaffungsland, präsent sein. Allein vom heimischen Schreibtisch lässt sich nicht renditeorientiert global beschaffen. Außerdem wird Ihre Mannschaft vor allem in der Startphase genug damit zu tun haben, sich auf die neuen Anforderungen einzustellen und sich entsprechend weiterzubilden. Als Statthalter in einem neuen Beschaffungsmarkt eignen sich die so genannten Internationalen Einkaufsbüros, auch International Purchasing Offices (IPOs) genannt. Bei diesen Dienstleistern handelt es sich jedoch meist nicht um schlichte Händler oder Makler, erfahrene IPOs können mehr und tragen damit nachhaltig zum Erfolg der Global-Sourcing-Strategie bei. Zu ihrem Leistungsspektrum gehören beispielsweise:

- Angebotseinholung und -bearbeitung,
- Verhandlungsführung,
- Lieferantensuche und -pflege,
- die Unterstützung mit aktuellen Informationen über den Beschaffungsmarkt,
- Qualitäts- und Terminkontrolle,
- Wettbewerbsanalysen,
- Gewährleistung der reibungslosen Logistik,
- Übernahme von Behördengängen und
- Abwicklung von Reklamationen.

Natürlich eignet sich längst nicht jedes IPO als Partner. Bei der Auswahl gilt es deshalb, vor allem darauf zu achten, dass die Mitarbeiter aus dem jeweiligen Land kommen, erfahrene Einkäufer sind und das notwendige technische Verständnis für Ihr Produkt mitbringen. Überzeugende Referenzen sollten natürlich ebenfalls vorhanden sein. Neben diesen IPOs stehen auch auf dieses Thema spezialisierte Unternehmensberatungen zur Verfügung.

Sobald sich das Einkaufsvolumen in einem Land weiter erhöht hat, also etwa über mehr als 30 Prozent des Beschaffungsvolumens pro Jahr liegt, empfiehlt es sich, ein eigenes Einkaufsbüro zu eröffnen. Damit lassen sich unternehmensspezifische Anforderungen noch besser erfüllen. Allerdings wird durch Aufbau und Betrieb des Büros ein zusätzlicher Kostenfaktor entstehen. Dabei müssen Sie berücksichtigen, dass Einkaufsvertretungen weitgehend strategische Aufgaben haben und es dementsprechend länger dauert, bis Kosteneinsparungen aus dem Global Sourcing die Investitionen übertreffen. Wer diese mittelfristigen Mehrbelastungen scheut, sollte die Global-Sourcing-Aufgaben aber nicht auf seine bestehende Verkaufsniederlassung in der Region übertragen. Solche vermeintlichen Sparmaßnahmen führen in der Regel nicht zu dem gewünschten Erfolg. Denn Vertriebsbeauftragte sind in den meisten Fällen mit ihren Tätigkeiten bereits ausgelastet und beurteilen Märkte völlig anders als die Kollegen aus dem Einkauf.

Da liegt es für viele Unternehmen vielleicht nahe, aus Kostengründen über eine internationale Einkaufskooperation mit befreundeten Betrieben nachzudenken, durch diese Volumenbündelung interessante Preisvorteile zu erzielen und die Lasten des aufwändigeren globalen Einkaufs auf »mehrere Schultern zu verteilen«. Auch hier muss man sagen, dass zumindest derzeit die Chancen für den Erfolg solcher Initiativen ziemlich gering sind. Die Beschaffung gehört nach wie vor zu den hochsensiblen Bereichen in einem Unternehmen. Dementsprechend diskret wird alles behandelt, was mit diesem Thema zusammenhängt. Außerdem verhindert die fehlende Standardisierung der Warengruppen in den meisten Fällen eine effiziente Zusammenarbeit. Die neue Generation der Einkäufer wird den unternehmensübergreifenden Kooperationen aber offener gegenüberstehen und den Weg freimachen für den gemeinsamen internationalen Einkauf.

Wer die vielen Vorteile der internationalen Beschaffung schon jetzt nutzen will, kommt also nicht umhin, in seinem Unternehmen ein qualifiziertes Global-Sourcing-Team zu installieren und in dem Beschaffungsmarkt präsent zu sein – mit einem eigenen Einkaufsbüro oder über ein IPO. Dies meint auch Dr. Kurt Demmer, Chefvolkswirt der IKB Deutsche Industriebank AG. Für ihn »verschärft die Öffnung der internationalen Märkte und das Vordringen von Anbietern aus den ›Emerging Countries‹ massiv den Kostenwettbewerb – auch für mittelständische Unternehmen mit führenden Positionen als Nischenanbieter«. Dr. Demmer ist jedoch überzeugt, »dass die Unternehmen ihr Angebot durch Ausnutzen der Chancen eines Global Sourcing nachhaltig konkurrenzfähiger machen und damit aus der Herausforderung ›Kostenwettbewerb‹ eine Chance zur Festigung und zum Ausbau der eigenen Marktposition entwickeln.« Fazit des IKB-Chefvolkswirtes: »In einem professionell ausgerichteten Beschaffungsprozess liegen für viele Unternehmen noch ungenutzte Potenziale.«

Kapitel 5
Rechtliche Besonderheiten beim Global Sourcing

Die Beschaffung im Ausland entwickelt sich aufgrund ihrer zahlreichen ökonomischen Vorteile für immer mehr Unternehmen zur Selbstverständlichkeit. Damit das Geschäft auch langfristig reibungslos verläuft und Preisvorteile nicht durch unvorhergesehene Kosten aufgezehrt werden, sollte ein weitsichtiger Unternehmer schon vor und während des Vertragsschlusses verschiedene (rechtliche) Überlegungen anstellen, um eventuelle, mit dem Auslandsgeschäft verbundene Risiken zu minimieren beziehungsweise auszuschließen. Es ist unsere juristische Pflicht auf den folgenden Seiten die potenziellen Risiken umfassend darzustellen, ohne die Zukunftschance von Global Sourcing auch nur ansatzweise in Frage zu stellen.

Abschätzung von Landes- und Schuldnerrisiko

Zunächst ist der deutsche Unternehmer bei der Suche nach einem geeigneten Geschäftspartner gut beraten, sich sowohl mit dem spezifischen Landesrisiko als auch dem konkreten Schuldnerrisiko zu befassen. Im Hinblick auf das Landesrisiko wird es darauf ankommen, das politische und wirtschaftliche Risiko des betreffenden Landes im Auge zu behalten. Dabei kann das politische Risiko zum Beispiel darin bestehen, dass es zu gewaltsamen Auseinandersetzungen kommt, die möglicherweise zur Zerstörung oder Beschlagnahmung von Handelsware oder Betriebsstätten im Ausland führen. Das landesspezifische wirtschaftliche Risiko kann im Auslandsmarkt selbst liegen, weil dem deutschen Unternehmer die ausländischen Wirtschafts- und Rechtsverhältnisse, Mentalitäten, Geschäftsgewohnheiten, Sprachen und dergleichen nicht vertraut sind. Auch die wirtschaftlich begründete Beeinflussung der Wäh-

Zukunftschance Global Sourcing. Gerd Kerkhoff
Copyright © 2005 WILEY-VCH Verlag GmbH & Co. KGaA, Weinheim
ISBN: 3-527-50196-7

rungsparitäten wird möglicherweise zu einem Risiko im Auslandsgeschäft (Währungsrisiko). Neben den bereits dargestellten Faktoren kommt es bei der Beurteilung des avisierten Auslandsgeschäfts selbstverständlich stets entscheidend auch darauf an, wie die Bonität des jeweiligen ausländischen Geschäftspartners einzuschätzen ist. Bei dieser Einschätzung können unter anderem Bankauskünfte, Auskunfteien sowie Unternehmensdaten helfen.

Hat sich ein Auftraggeber nach Abschätzung des Landes- beziehungsweise Schuldnerrisikos für die grenzüberschreitende Beschaffung entschieden und einen geeigneten Lieferanten ausfindig gemacht, stellt sich die Frage, wie das kaufmännische Geschäft in der Praxis geschlossen und abgewickelt werden soll. Die bisherige Erfahrung zeigt, dass Auftraggeber nicht selten die Geschäftsverbindung so behandeln, als habe man es mit einem deutschen Geschäftspartner zu tun. Demnach werden dem Geschäft zum Teil gar keine schriftlich fixierten Verträge zugrunde gelegt oder nur in sehr begrenztem Umfang.

Fallbeispiel 1:

Auftraggeber A hat ein Unternehmen mit Sitz in Deutschland, Lieferant B seine Hauptverwaltung im Ausland. Beide haben sich mündlich darauf verständigt, dass B dem A monatlich eine Menge X einer Ware Y zu einem bestimmten Preis nach Deutschland liefert. A fragt sich, ob durch diese mündliche Absprache ein wirksamer Vertrag zustande gekommen ist, ob er seine Interessen mit dieser Vereinbarung ausreichend abgesichert hat oder ob weitere Absprachen aus rechtlicher Sicht ratsam sind.

Vorvertragliche Überlegungen

Die genau bezeichneten Parteien im ersten Fallbeispiel haben sich mündlich über den exakten Gegenstand ihres Geschäfts sowie über den Preis geeinigt. Mit der Einigung über diesen Mindestinhalt kann je nach anzuwendendem Recht bereits ein Kauf- beziehungsweise Liefervertrag wirksam zustande kommen. Damit bleibt jedoch eine Vielzahl von Fragen offen, die im Verlaufe der Vertragsdurchführung relevant werden können. Etwa: Was gilt, wenn der

Lieferant entgegen der Absprache nicht oder nicht rechtzeitig liefert (Stichwort Lieferverzug) oder die gelieferte Ware mangelhaft ist (Stichwort Gewährleistung)? Was gilt, wenn die Ware beim Transport untergeht (Stichwort Transportrisiko)? Welches Recht gilt im Falle einer streitigen Auseinandersetzung?

Im Konfliktfall kann sich die rechtliche Klärung dieser und weiterer entscheidender Fragen als langwierig erweisen. Um vermeidbaren Schwierigkeiten und dem damit verbundenen ökonomischen Risiko aus dem Weg zu gehen und um einen möglichst praxisnahen und durchführbaren Vertrag zu akkordieren, empfiehlt sich in den meisten Fällen der Abschluss eines schriftlichen Vertrages.

Die Vorteile liegen auf der Hand: Zunächst sind die Vertragsparteien auf diese Weise gehalten, sich bereits bei Vertragsschluss über die wichtigsten Vertragsbestimmungen zu einigen. Späteren Unstimmigkeiten wird vorgebeugt. Die verschiedenen, typischerweise mit dem Außenhandelsgeschäft verbundenen Risiken können durch eine klare Vertragsgestaltung minimiert und einschätzbar werden. Auch reduziert die Schriftlichkeit der Vereinbarung spätere Beweisschwierigkeiten bei der Berufung auf die zwischen den Geschäftspartnern getroffenen Absprachen.

Es stellt sich damit die Frage, worauf ein Auftraggeber beim Abschluss eines internationalen Kauf- beziehungsweise Liefervertrages besonders achten sollte und welche Regelungsgegenstände aus Sicht des Einkäufers optimalerweise in einen schriftlichen Kauf- beziehungsweise Liefervertrag aufgenommen werden sollten. Dabei steht der Einkäufer in der Praxis immer wieder in dem Konflikt, in der Gestaltung der Verträge einerseits den Umständen des Warengeschäfts und den Interessen des Vertragspartners gerecht werden zu müssen, andererseits aber auch seine eigenen Interessen zu wahren. Je nach Kenntnisstand, Verhandlungsgeschick und Kräfteverhältnis der Vertragsparteien wird der Vertrag beziehungsweise die einzelne Klausel dann eher den Interessen der einen oder der anderen Partei entsprechen. Jeder Einkäufer wird aber immer bemüht sein, die Vertragsklauseln möglichst so zu gestalten, dass aus dem Vertrag keine Nachteile für sich selbst resultieren.

Da je nach Rechtskreis und nationaler Rechtsordnung erhebliche Unterschiede beim Aufbau und der Gestaltung von Außenhandelsverträgen bestehen können, beschränken wir uns im Folgenden auf diejenigen Inhalte eines internationalen Kauf- beziehungsweise Liefervertrages, die typischerweise als Schwerpunkte der Vertragsbeziehung qualifiziert werden können und mit deren Regelung bereits ein Großteil potenzieller Risiken zu minimieren ist. Dazu zunächst eine Übersicht:

Übersicht: Typische Regelungsinhalte eines Außenhandelsvertrages
1. Vertragssprache
2. Einbeziehung von AGB oder AEB
3. Mindestbestandteile
   - Vertragsparteien; ggf. Stellvertretung
   - Vertragsgegenstand
   - Preis
4. Rechtswahlvereinbarung
5. Lieferklauseln
   - Incoterms
   - einzelvertraglich
6. Zahlungsvereinbarungen
   - gegebenenfalls Zahlungssicherungsvereinbarung
7. Klausel zur Gefahrtragung, *sofern nicht bereits durch Incoterms geregelt*
8. Untersuchungspflicht und Rügefrist
9. Bestimmungen zum Leistungsstörungsrecht
   - Unmöglichkeit
   - Lieferverzug; eventuell Konsignationslagervertrag
10. Regelungen zur Gewährleistung
    - Sachmangelhaftung
    - Rechtsmangelhaftung
    - Verjährungsfristen
11. Geheimhaltungsvereinbarung
    - eventuell Vertragsstrafe bei Know-how- beziehungsweise Technologiemissbrauch und/oder Verstoß gegen Schutzrechte
12. Vertragslaufzeit – Kündigungsmöglichkeiten
13. Gerichtsstandsvereinbarung oder Schiedsklausel

Quelle: Blasius & Kollegen

Fallbeispiel 2:

Auftraggeber A aus Deutschland und Lieferant B aus dem Ausland haben auf einer Messe mündlich die Aufnahme von Geschäftsbeziehungen vereinbart und bisher in englischer Sprache kommuniziert. Sie wollen nun einen schriftlichen Vertrag schließen. Was ist in der Phase des Vertragsschlusses besonders zu beachten?

Die richtige Vertragssprache

Zunächst wird sich die Frage der Vertragssprache stellen. Die Parteien in unserem Fallbeispiel haben bereits Verhandlungen in englischer Sprache geführt, so dass es sich anbietet, auch den Vertrag in englischer Sprache abzufassen. Tatsächlich sprechen in den meisten Fällen mehrere Gründe dafür, Englisch als Vertragssprache für den internationalen Vertrag zu wählen. So wählt man beim Handel mit vielen Produkten, wie zum Beispiel Rohstoffen, in der Regel Englisch. Darüber hinaus werden eine Vielzahl der standardisierten Richtlinien der UNO sowie der Handelskammer Paris (zum Beispiel Incoterms, Inkassi, Schiedsverfahren, Dokumentenakkreditive) und anderer Institutionen in Englisch verfasst. Schließlich favorisieren die meisten Kreditinstitute für die Vertragsgestaltung und Abwicklung der internationalen Finanzierungen Englisch als grundlegende Sprache.

Angebot und Annahme

Nach Möglichkeit sollte das konkrete Lieferangebot des ausländischen Lieferanten beziehungsweise die Bestellung des inländischen Käufers neben den notwendigen Mindestbestandteilen eines Außenhandelsvertrages bereits alle für den späteren Vertragsschluss erforderlichen Bestandteile enthalten. Die Aufnahme des vollständigen Kaufvertragstextes in das Angebot kann von Vorteil sein, um dem ausländischen Lieferanten die Lieferzusage zu erleichtern und Nachverhandlungen möglichst auszuschließen.

Zu beachten ist, dass die dem deutschen Kaufmann vertrauten Regelungen zum Vertragsschluss durch Angebot und Annahme nach deutschem Recht in den meisten ausländischen Rechtsordnungen nur in modifizierter Form gelten. Mit Blick etwa auf die Dauer der Verbindlichkeit des Angebots gilt in den auf englischem Recht aufbauenden Ländern, dass ein Angebot jederzeit widerrufen werden kann und dies selbst dann, wenn sich der Anbietende für eine bestimmte Frist an sein Angebot gebunden erklärt.

Notwendige Voraussetzung für einen wirksamen Vertragsschluss ist des Weiteren die mit dem Angebot deckungsgleiche und rechtzeitige Annahmeerklärung. Je nach anwendbarem Recht kann hingegen eine verspätete Annahme als neues Angebot gelten oder gänzlich unbeachtlich sein. Da zudem die nach deutschem Recht eröffnete Möglichkeit der Annahme durch Schweigen in kaum einer anderen Rechtsordnung anerkannt ist, sollte bei gewolltem Vertragsschluss die Annahmeerklärung zur Sicherheit stets ausdrücklich erfolgen.

Einbeziehung von Allgemeinen Geschäftsbedingungen

Je nach Verwender sollen Allgemeine Geschäftsbedingungen (AGB) entweder die Rechtsstellung des Einkäufers (Allgemeine Einkaufsbedingungen) oder die des Lieferanten (Allgemeine Verkaufsbedingungen) stärken und gleichzeitig die Position des ausländischen Vertragspartners beschränken. Nicht selten kommt es in der Praxis vor, dass beide Vertragsparteien ihre eigenen AGB in den Vertrag einbeziehen wollen (so genannte gegenseitige Verwendung von AGB). Die Frage, ob und gegebenenfalls welche Bedingungen in einem solchen Fall Vertragsbestandteil geworden sind, richtet sich dann nach dem auf den jeweiligen Vertrag anzuwendenden Recht.

Beim Blick auf die Rechtslage jenseits der eigenen Staatsgrenzen lässt sich feststellen, dass sich die nach deutschem Recht auf kollidierende AGB anzuwendenden Grundsätze zwar durchaus in vielen anderen Rechtsordnungen in ähnlicher Form durchgesetzt haben. Eine einheitliche Beurteilung lässt sich jedoch nicht feststellen. So gilt in anderen Teilen der Welt, wie zum Beispiel in der englischen Rechtsordnung, der Grundsatz der Verbindlichkeit des letzten Wortes, während sich nach deutschem Recht einander widersprechende AGB mit Blick auf ihre widersprüchlichen Teile gegenseitig aufheben und sodann die gesetzliche Regelung im Bereich der Regelungslücke zur Anwendung gelangt.

Möchte der deutsche Einkäufer also seine eigenen AGB in den Vertrag mit seinem ausländischen Lieferanten einbeziehen, hängt es letztlich von der Ausgestaltung des auf den Vertrag anwendbaren Rechtes ab, ob die Einbeziehung wirksam erfolgt ist. Die jeweiligen rechtlichen Voraussetzungen können dabei stark variieren. Oft wird die wirksame Einbeziehung der Einkaufsbedingungen zwar entweder dadurch erreicht werden können, dass sich der ausländische Lieferant im Falle wechselseitig abgegebener Vertragserklärungen in dem Angebot oder der Auftragsbestätigung mit der Geltung der Einkaufsbedingungen einverstanden erklärt. Oder die ausdrückliche Einbeziehung der Einkaufsbedingungen erfolgt in einem gemeinsam unterschriebenen Vertragsdokument. Gleichwohl bleibt zu bedenken, dass wieder andere Rechtsordnungen weitere Besonderheiten aufweisen. So ist zur Wirksamkeit der Einbeziehung von AGB nach dem Recht mancher Staaten zum Beispiel erforderlich, dass nachteilige, vorformulierte Klauseln ausdrücklich in einem gesonderten Dokument zusätzlich bestätigt werden. Zudem ist zum Beispiel nach dem Recht einiger US-Bundesstaaten vorgeschrieben, dass nachteilige AGB-Klauseln im Bedingungstext fett zu drucken sind.

Mindestbestandteile eines Global-Sourcing-Vertrages

Im Eingang des Vertrages müssen zunächst die Vertragsparteien namentlich genau bezeichnet werden. Besonderer Klärungsbedarf kann entstehen, wenn sich eine Partei durch einen Repräsentanten vertreten lässt. Ist beispielsweise der Lieferant nicht selbst am Vertragsschluss beteiligt, sollte der Auftraggeber vor Vertragsschluss prüfen, welche genauen Befugnisse dem Stellvertreter übertragen worden sind und ob er in vollem Umfang für seinen Geschäftsherrn auftreten darf. Auf diese Weise kann zum Beispiel dem mit einer eventuellen Überschreitung der Vertretungsmacht verbundenen Risiko begegnet werden. Im internationalen Rechtsverkehr richten sich die Fragen der Zulässigkeit der Stellvertretung oder der

Zurechnung von Willensmängeln nach demjenigen nationalen Recht, das mit Hilfe des Internationalen Privatrechtes des auf den Vertrag anzuwendenden nationalen Rechts ermittelt worden ist.

Neben der genauen Bezeichnung der Parteien ist der Vertragsgegenstand exakt zu fixieren, das heißt, der Kaufgegenstand sollte nach Größe, Maß, Gewicht, Form, Farbe, Sortierung, Menge, Qualität und so weiter möglichst genau beschrieben werden.

Als dritter notwendiger Mindestbestandteil des Vertrages fungiert die so genannte Preisklausel. Für den Einkäufer wird in der Regel die Vereinbarung eines Festpreises günstiger sein, so dass dem Exporteur das Risiko von Kostenerhöhungen der zu liefernden Ware zufällt. Auf diese Weise können mögliche negative Konsequenzen aus einer mangelnden Preisbestimmbarkeit vermieden werden. Kann sich hingegen der ausländische Lieferant aufgrund seiner guten Marktposition durchsetzen und wird eine für den Einkäufer eher risikobehaftete Preisgleitklausel in den Vertrag aufgenommen, steht der endgültige Kaufpreis erst bei Lieferung fest. Sollte der Preis weit überhöht festgesetzt werden, kann die Klausel sittenwidrig und unwirksam sein.

Risikominimierung durch vertragliche Rechtswahlvereinbarung

Beim Abschluss eines internationalen Liefervertrages kann es insbesondere für den Einkäufer ratsam sein, bereits bei Vertragsschluss eine ausdrückliche Rechtswahlvereinbarung im Vertrag zu treffen. Durch eine solche Vereinbarung legen sich die Parteien auf die Geltung eines bestimmten Rechtes fest, das zum Beispiel zur Auslegung oder Ergänzung des Vertrages heranzuziehen ist und auf dessen Grundlage ein zuständiges Gericht den internationalen Sachverhalt, etwa Fragen der Gefahrtragung, der Mängelhaftung oder der Einbeziehung von AGB, im Falle einer Auseinandersetzung zu würdigen hat. Besonders zu beachten ist an dieser Stelle, dass sich eine derartige Rechtswahl ausschließlich auf das schuldrechtliche Verpflichtungsgeschäft beziehen kann. Soweit es sich um sachenrechtliche Verfügungsgeschäfte handelt, zum Beispiel Eigentumsübertragung und so weiter, gilt grundsätzlich das Recht des

Ortes, an dem sich die Sache befindet. Eine hiervon abweichende vertragliche Regelung ist nicht möglich.

In der Praxis werden freilich meist beide Vertragsparteien versuchen, mit der Rechtswahlklausel das eigene, bekannte nationale Recht als maßgebliches Recht zu vereinbaren, um einen Heimvorteil für die Vertragsgestaltung zu nutzen. Welche Partei sich schließlich durchsetzt, hängt von dem Verhandlungsgeschick der Verhandlungspartner und der Marktposition der Vertragspartner ab.

Treffen die Parteien keine vertragliche Rechtswahl, ist nach dem Internationalen Privatrecht (so genanntes Kollisionsrecht) zu beurteilen, welches nationale Recht für den Streitfall maßgeblich ist. Für den internationalen Liefer- beziehungsweise Kaufvertrag gilt nach dem nationalen Kollisionsrecht der meisten Länder der Welt das Recht desjenigen Staates, mit dem der Vertrag die engsten Verbindungen aufweist. Mangels vertraglicher Rechtswahlvereinbarung dürfte beim Warenkauf daher in den meisten Fällen das Recht am gewöhnlichen Aufenthalt beziehungsweise an der Hauptverwaltung des ausländischen Verkäufers gelten. Dies kann für den Einkäufer, der sich in der Regel nicht mit dem ausländischen nationalen Recht des Lieferantenstaates auskennt, ein nicht unerhebliches Risikopotenzial mit sich bringen.

Hat der deutsche Einkäufer die schwächere Verhandlungsposition und lässt sich der ausländische Lieferant nicht auf die Wahl des deutschen Rechtes ein, so kann es sich für den deutschen Einkäufer gegebenenfalls anbieten, auf die Akkordierung des vereinheitlichten Rechts für den grenzüberschreitenden Warenverkehr in Form des UN-Kaufrechtsübereinkommens zu drängen, falls die Konvention nicht ohnehin automatisch zur Anwendung gelangt.

Die Bedeutung des UN-Kaufrechtes für das Global Sourcing

Mittlerweile ist die Zahl der Vertragsstaaten des UN-Kaufrechtsübereinkommens auf über 60 gestiegen, so dass heute zirka zwei Drittel des Welthandels in Waren vom Übereinkommen erfasst werden können. Dabei umfasst das UN-Kaufrechtsübereinkommen zwar keine abschließende Kaufrechtsordnung, so dass gegebenenfalls ergänzend das jeweils anwendbare nationale Recht hinzugezogen werden muss. Das UN-Kaufrecht regelt jedoch so elementare Bereiche wie zum Beispiel Angebot und Annahme, Lieferung der Ware und Übergabe der Dokumente, Vertragsgemäßheit der Ware, Rechtsbehelfe des Käufers wegen Vertragsverletzung durch den Verkäufer, Gefahrenübergang, Schadenersatz und Zinsen. Der Anwendungsbereich der UN-Konvention, der auch die Bundesrepublik Deutschland und zum Beispiel China beigetreten sind, ist entweder qua Parteiwillens eröffnet (so genanntes Opting-in des Übereinkommens) oder es liegen die im Abkommen niedergelegten Anwendungsvoraussetzungen vor. Demnach gelangt das Abkommen beim internationalen gewerblichen Warenkauf bis auf wenige Ausnahmen automatisch zur Anwendung, wenn die Parteien Vertragsstaaten sind oder die Regeln des internationalen Privatrechtes zur Anwendung des Rechtes eines Vertragsstaates führen. Stammt somit auch der Lieferant aus einem Vertragsstaat des UN-Kaufrechtsübereinkommens, zum Beispiel China, gelangt automatisch UN-Kaufrecht zur Anwendung, es sei denn, die Geltung des UN-Kaufrechtes wird ausdrücklich vertraglich ausgeschlossen.

Das Übereinkommen gilt grundsätzlich auch bei Verträgen über die Lieferung herzustellender oder zu erzeugender Ware. Etwas anderes gilt jedoch, wenn der Besteller einen wesentlichen Teil der für die Herstellung oder Erzeugung notwendigen Stoffe selbst zur Verfügung zu stellen hat. Liegt die überragende Pflicht der Partei, die die Ware liefert, in der Ausführung von Arbeiten oder anderen Dienstleistungen, ist der Anwendungsbereich ebenfalls nicht eröffnet.

Obwohl das UN-Kaufrecht in der Praxis oft als eher käuferfreundlich eingeordnet wird, ist derartigen Pauschalierungen kritisch zu begegnen. Tatsächlich ist es so, dass einzelne Regelungen des UN-Kaufrechtes im Vergleich zum einschlägigen deutschen Recht nach BGB und HGB entweder für die eine oder andere Partei von Vor- beziehungsweise Nachteil sein können. Nachfolgend soll ein grober Überblick über einige wesentliche Abweichungen des UN-Kaufrechts vom deutschen Zivilrecht (HGB und BGB) vermittelt werden.

In der Phase des Vertragsschlusses gilt mit Blick auf die Bindung des Anbieters an sein Angebot, dass dieser sein Angebot so lange widerrufen kann, wie der Empfänger seine Annahme noch nicht erklärt hat. Im Gegensatz zum deutschen Recht kennt das UN-Kaufrecht den Vertragsschluss durch kaufmännisches Bestätigungsschreiben nicht. Hinsichtlich der Lieferpflicht des Verkäufers unterscheidet das UN-Kaufrecht danach, ob die Erfüllung des Kaufvertrages eine Beförderung der Ware erfordert. In diesem Fall soll eine Schickschuld vorliegen. Andernfalls geht das UN-Kaufrecht ebenso wie das deutsche Zivilrecht von einer Holschuld aus. Die Pflicht des Käufers zur Zahlung des Kaufpreises ist nach dem UN-Kaufrecht anders als im deutschen Recht nicht als Schickschuld, sondern als Bringschuld ausgestaltet. Beim Versendungskauf geht nach UN-Kaufrecht in Abweichung zum deutschen Recht das Risiko noch nicht auf den Käufer über, wenn der Verkäufer die Ware durch eigene Leute transportieren lässt.

Im Bereich der Leistungsstörungen kann der Käufer im Falle der Nichtlieferung der Ware nach UN-Kaufrecht entweder Erfüllung oder Verzögerungsschadenersatz verlangen. Ein Rücktritt vom Vertrag ist nach vorheriger Nachfristsetzung möglich. Was die Mangelhaftung anbelangt, so ist dem UN-Kaufrecht zwar die Begrifflichkeit des Sachmangels unbekannt. Das UN-Kaufrecht räumt dem Käufer jedoch zum Teil weit reichende Rechte ein. So steht dem Käufer grundsätzlich unter anderem ein Erfüllungsanspruch in Form einer Ersatzlieferung sowie ein Rücktrittsrecht zur Seite, sofern der Mangel eine wesentliche Vertragsverletzung darstellt. Darüber hinaus kann der Käufer Minderung geltend machen und Schadenersatz für jeden Sachmangel verlangen.

Erhebliche Abweichungen des UN-Kaufrechtes zum deutschen Recht finden sich im Bereich des Schadenersatzrechtes. So sind Schadenersatzansprüche nach UN-Kaufrecht grundsätzlich verschuldensunabhängig. Zudem kann im UN-Kaufrecht Schadenersatz bei jeder objektiven Verletzung einer Vertragspflicht geltend gemacht werden. Dabei muss es sich nicht um eine wesentliche Vertragspflicht handeln. Vielmehr sind alle denkbaren Vertragspflichten, wie zum Beispiel auch Unterlassungs-, Schutz-, Aufklärungs- oder Warnpflichten einbezogen. Der Anspruch auf Schadenersatz kann auch neben der Vertragsaufhebung verfolgt werden. Die Höhe des Schadenersatzes ist auf das bei Vertragsschluss vorhersehbare Maß beschränkt. Der Schadenersatzanspruch nach

UN-Kaufrecht ist stets in Geld zu leisten und nicht etwa in Naturalien.

Fallbeispiel 3:

Der aus Deutschland stammende Auftraggeber A und der ausländische Lieferant B haben sich nach Klärung einiger Fragen im Zusammenhang mit dem Zustandekommen des Vertrages abschließend auf die Lieferung von Waren geeinigt. Sie möchten nun den genauen Vertragsinhalt festschreiben und fragen sich, was mit Blick auf die Vertragsabwicklung vertraglich zu regeln ist und welche Besonderheiten aufgrund der Internationalität der Vertragsbeziehung zu beachten sind.

Leistung des Verkäufers

Bei einem internationalen Kauf ergeben sich für die Güter meist recht lange Wegstrecken zum Teil über mehrere Ländergrenzen hinweg. Daraus können zusätzliche Kosten und Risiken erwachsen. Die zusätzlichen Kosten resultieren dabei nicht selten aus der längeren Distanz des Transports, der Notwendigkeit von Ein- und Ausfuhrbedingungen oder dem Erfordernis des Abschlusses einer entsprechenden Transportversicherung. Wegen der mit dem längeren Transportweg und den Unwägbarkeiten der rechtzeitigen Erteilung der erforderlichen Genehmigungen verbundenen Risiken sollte bereits beim Vertragsschluss festgelegt werden, wie eine möglichst sichere und reibungslose Lieferung gewährleistet werden kann.

Um die Einzelheiten der beiderseitigen Verpflichtungen festzulegen, haben die Parteien grundsätzlich zwei Möglichkeiten. Sie können entweder selbst formulierte Lieferbedingungen in den Vertrag aufnehmen. Diese sollten dann neben etwaigen Regelungen zu Verpackung, Versicherung und so weiter in jedem Fall eine Regelung zur Gefahrtragung beinhalten, das heißt, eine Absprache darüber, wer das Risiko des Unterganges oder der Beschädigung der Sache bei der Abwicklung des Vertrages (Stichwort Leistungs- und Gegenleistungsgefahr) trägt.

Zu berücksichtigen ist hierbei jedoch, dass eigene Formulierungen die Gefahr mit sich bringen können, eventuell wichtige regelungsbedürftige Aspekte bei der Lieferung zu übersehen. Darüber hinaus können unterschiedliche Handelsbräuche in den verschiedenen Heimatländern der Parteien sowie unterschiedliche Auslegungen von juristischen Begriffen zu Missverständnissen und Streitigkeiten unter den Parteien und in der Folge zu Zeitverlusten und erhöhten Kosten führen.

Gerade im internationalen Geschäft kann es sich daher durchaus empfehlen, auf standardisierte Formulierungen zurückzugreifen. Derartige Musterklauseln haben zum einen den Vorteil, dass sie wegen ihrer weltweiten Geltung eine überall gleiche Auslegung der Begriffe und der vereinbarten Klauseln gewährleisten. Zudem treffen sie in der Regel eine Aussage zu den wichtigsten Regelungsbereichen der Lieferung, zum Beispiel der Kostentragungspflicht (zum Beispiel Zoll, Transport-, Verlade- und Frachtkosten), der Versicherung der Ware und der Haftung für während des Transports beschädigter oder abhanden gekommener Ware. Die standardisierten Formulierungen sind dann wirksam in den Vertrag aufgenommen, wenn sie ausdrücklich in den Vertrag einbezogen werden.

Verwendung von Incoterms

Im weltweiten Handel anerkannt sind heute insbesondere die von der Internationalen Handelskammer Paris herausgegebenen so genannten Incoterms (International Commercial Terms) in ihrer derzeit aktuellen Fassung vom 1. Januar 2000. Sie sehen 13 verschiedene Klauseln vor, die sich wiederum in vier Gruppen unterteilen. Die erste Gruppe besteht aus nur einer Klausel, der so genannten E-Klausel (Ex-Works). Hiernach stellt der Verkäufer dem Käufer die Ware ab Werk auf seinem eigenen Gelände zur Verfügung. Gemäß der zweiten Gruppe ist der Verkäufer verpflichtet, die Waren einem vom Käufer benannten Frachtführer zu übergeben (die so genannten F-Klauseln, FCA; FAS; FOB). Nach den in der dritten Gruppe zusammengefassten Klauseln wird der Haupttransport vom Verkäufer übernommen, wobei der Verkäufer nicht das Risiko des Unterganges oder der Beschädigung der Ware zu tragen hat (die so genannten C-Klauseln, CFR; CIF; CPT; CIP). Nach den Klauseln der vierten Gruppe trägt der Verkäufer die Pflicht, alle Kosten und Risiken bis zum Eintreffen der Ware am Bestimmungsort zu übernehmen.

Welche genaue Regelung schließlich im Vertrag vereinbart wird, ist am Ende auch hier entscheidend an die Verhandlungs- und Marktposition der Vertragspartner gekoppelt.

Störungen der Lieferung

Von herausragendem Interesse, insbesondere aus Sicht des Einkäufers, ist zudem die Frage, was passieren soll, falls die Lieferung vollständig ausfällt beziehungsweise die Lieferung nicht rechtzeitig zum vereinbarten Liefertermin oder nicht mangelfrei eintrifft. Der hiermit angesprochene Komplex umfasst die aus dem deutschen Recht bekannten Bereiche der Unmöglichkeit, des Lieferverzuges sowie der Sach- und Rechtsmangelhaftung.

Grundsätzlich steht es den Parteien auch bei einem internationalen Vertragsverhältnis frei, die Ausgestaltung des Bereiches der Leistungsstörungen durch eine ausdrückliche vertragliche Übereinkunft autonom zu regeln. Hiervon wird in der Praxis auch rege Gebrauch gemacht. Nutzt man diese Möglichkeit hingegen nicht und besteht somit eine diesbezügliche Regelungslücke im Vertrag, richtet sich das auf diesen Komplex anwendbare Recht nach dem so genannten Vertragsstatut, das heißt, nach dem Recht des Staates, das die Parteien für den gesamten Vertrag vereinbart haben. Wurde von den Vertragspartnern keine Rechtswahl getroffen, wird das anwendbare Recht nach dem einschlägigen Internationalen Privatrecht ermittelt.

Ausländische Rechtsordnungen

In diesem Kontext zeigt ein rechtsvergleichender Blick ins Ausland, dass die in den verschiedenen nationalen Rechtsordnungen geregelten Rechte des Gläubigers einer Leistung im Falle einer Nicht- oder Schlechtleistung zum Teil sehr unterschiedlich ausgestaltet sind. So ist zum Beispiel mit Blick auf den Lieferverzug im Gegensatz zum deutschen und französischen Recht nach angloamerikanischem Recht sowohl eine Mahnung als auch das Setzen einer Nachfrist für das Eintreten der Rechtsfolgen eines Schuldnerverzuges nicht erforderlich. Und während das deutsche und französische Recht dem Vertragspartner beim Schuldnerverzug dem Grunde nach einen einklagbaren Anspruch auf Naturalerfüllung zur Seite stellt, ist das Recht der geschädigten Partei nach englischer Rechtsordnung allein auf die Klage wegen Vertragsbruches und auf Schadenersatz beschränkt. Nur in ganz bestimmten Einzelfällen kann es nach englischem Recht dazu kommen, dass ein Gericht anstelle einer Entschädigung in Geld dem beklagten Schuldner die Pflicht zur Vertragserfüllung auferlegt. Nach einschlägigem UN-Kaufrecht wiederum kann der Käufer neben etwaigen Ansprüchen auf Schadenersatz auf Lieferung und im Falle einer mangelhaften, den Vertrag wesentlich verletzenden Lieferung auf Ersatzlieferung klagen. Vor dem Hintergrund dieser sehr unterschiedlichen Ausgestaltungen in den verschiedenen Rechtsordnungen ist der deutsche Einkäufer gut beraten, sich vor einer etwaigen Rechtswahl über die hiermit verbundenen rechtlichen Konsequenzen zu informieren. Auf diese Weise können negative Überraschungen vermieden und der Vertragszweck gesichert werden.

Vereinbarungen zu Leistungsstörungen

Da sich exakte Liefertermine im Auslandsgeschäft nicht selten schwerer einhalten lassen als im Inlandsgeschäft, vereinbaren die Vertragsparteien in der Praxis oftmals einen Lieferzeitraum, in dem die Ware beim Käufer eingehen muss. Insbesondere bei längerfristigen Lieferbeziehungen kann sich zudem die Einrichtung eines »Konsignationslagers« beim Importeur anbieten, um stets eine rechtzeitige Belieferung sicherzustellen. Mit Blick auf die konkrete Ausgestaltung von Klauseln zum Lieferverzug ist unter anderem eine Vereinbarung darüber ratsam, ob eine Pflicht zum Setzen einer Nachfrist besteht, wie lang eine etwaige Nachfrist bemessen ist, ob der Liefertermin unter dem Vorbehalt des Vorliegens aller erforderlichen behördlichen Genehmigungen steht, ob die Haftung des Lieferanten begrenzt ist und ob dem Käufer ein Rücktrittsrecht zur Seite gestellt wird. Nicht selten vereinbaren die Parteien für den Fall der Leistungsstörung zudem eine Vertragsstrafe beziehungsweise eine Schadenpauschalierung. Da aber auch in diesem Bereich die nationalen Rechtsordnungen unterschiedliche Regelungen treffen, sollte zuvor geprüft werden, ob und gegebenenfalls in welcher Form eine derartige Vereinbarung mit dem anwendbaren Recht vereinbar ist. So ist zum Beispiel nach englischem Recht eine Vertragsstrafenklausel grundsätzlich unwirksam.

Die Sachmängelhaftung

Von besonderer Bedeutung für den deutschen Einkäufer im Bereich der Leistungsstörungen ist zudem, welche Rechte ihm zur Seite stehen, wenn die gelieferte Ware mangelhaft ist (Mängelhaftung). Wie bereits oben angesprochen, ist es den Vertragsparteien im Wege der Privatautonomie grundsätzlich freigestellt, eine eigens formulierte Regelung in den Vertrag aufzunehmen oder sich der Geltung eines bestimmten nationalen Rechts zu unterwerfen oder aber auch gar keine diesbezügliche Abrede zu treffen. Einigen sich die Parteien auf die Abfassung einer ausgehandelten und eigens formulierten Klausel, sind sie in ihrer Gestaltung jedoch nicht gänzlich frei. Stets unterliegen sie auch dann den Grenzen des auf den Vertrag anwendbaren Rechts. Es empfiehlt sich daher auch in diesem elementaren Bereich bereits bei Festschreibung einer bestimmten Klausel zu prüfen, welches Recht auf den Vertrag anzuwenden ist, um nicht zu riskieren, dass sich im Falle einer späteren Auseinandersetzung über die Klausel dieselbe als nach dem anwendbaren Recht unwirksam und damit gegenstandslos erweist.

Die Sachmängelhaftung nach anderen Rechtsordnungen

Ein rechtsvergleichender Blick ins Ausland verdeutlicht, dass die verschiedenen Rechtsordnungen zwar durchweg Regelungen zur Mängelhaftung kennen, die konkreten Rechte des Käufers im Falle einer mangelhaften Ware zum Teil aber sehr unterschiedlich ausgestaltet sind. So löst das deutsche Recht die Thematik der Mängelhaftung grundsätzlich anders als der anglo-amerikanische Rechtskreis und der romanische Rechtskreis (zum Beispiel Frankreich, Italien, Spanien).

Die nach deutschem Recht geltende Mängelhaftung gesteht dem Käufer dabei vergleichsweise umfassende Rechte zu. Unter bestimmten Voraussetzungen hat der Käufer einen Anspruch auf Nacherfüllung, Rücktritt, Minderung und/oder Schadenersatz. Bei einem Handelsgeschäft ist nach deutschem Recht zudem die im Handelsgesetzbuch geregelte unverzügliche Untersuchungs- und Rügepflicht des Käufers zu beachten. Hierbei ist jedoch zu berücksichtigen, dass die konkrete Ausgestaltung dieser Pflichten grundsätzlich individualvertraglich autonom geregelt werden kann. Missachtet der Käufer die ihm obliegende Untersuchungs- und Rügepflicht, riskiert er den Verlust seiner Rechte aus der Mängelhaftung gegenüber dem Verkäufer.

Nach englischem Recht wird mit Blick auf die verschiedenen Rechtsfolgen der Mängelhaftung zwischen der Verletzung einer unwesentlichen Vertragsbestimmung (Warranty) und einer wesentlichen Vertragsbestimmung (Condition) unterschieden. Dabei können die Vertragsparteien in ihrem Vertrag grundsätzlich selbstständig festlegen, welche Vertragsbestimmung wesentlich und welche unwesentlich sein soll. Wird eine unwesentliche Vertragsbestimmung durch den Verkäufer verletzt, erhält der Käufer einen verschuldensunabhängigen Schadenersatzanspruch, der auch Mangelfolgeschäden umfasst. Die Ware aber verbleibt beim Käufer. Die diesbezüglichen Ansprüche kann der Käufer innerhalb einer Frist von sechs Jahren durch Klage geltend machen. Wird hingegen eine wesentliche Vertragsbestimmung verletzt, so kann der Käufer neben der Geltendmachung von Schadenersatz die Annahme der Ware verweigern beziehungsweise die Ware an den Verkäufer zurückgeben. Voraussetzung hierfür ist jedoch die Geltendmachung seiner Ansprüche bei Annahme der Ware.

Im UN-Kaufrecht fällt die Mangelhaftung unter den einheitlichen Begriff der Vertragsverletzung. Dem Auftraggeber stehen im Falle einer vertragswidrigen Lieferung, wenn also die zu liefernde Ware in Menge, Qualität oder Art nicht dem vertraglich Vereinbarten entspricht, verschiedene Rechte zur Seite. Handelt es sich um eine wesentliche Vertragsverletzung und will der Käufer die Ware nicht behalten, kann er Ersatzlieferung verlangen oder die Aufhebung des Vertrages fordern. Im Falle einer unwesentlichen Vertragsverletzung hat der Käufer einen Anspruch auf Nachbesserung oder Minderung. Daneben steht dem Käufer gegebenenfalls ein Schadenersatzanspruch zu, der im Falle einer Vertragsaufhebung auch die Differenz zu einem eventuell höheren Preis eines Deckungskaufes umfassen kann.

Oft ist der deutsche Einkäufer in der Praxis bemüht, alle ihm bekannten, denkbaren Gewährleistungsrechte zu seinen Gunsten zu vereinbaren, wohingegen der Verkäufer möglicherweise geneigt sein wird, dem Käufer die Inanspruchnahme seiner Rechte zu erschweren (etwa durch die Erfordernis des schriftlichen Mangelnachweises) oder sogar ganz oder zum Teil auszuschließen (zum Beispiel durch eine zeitliche Eingrenzung der Haftung).

Ziel des deutschen Einkäufers sollte es in jedem Fall sein, seine eigene Rechtsposition durch die Aufnahme von möglichst präzisen Bestimmungen zu Voraussetzungen, Konkretisierung und Durchsetzung des einzelnen Gewährleistungsrechts zu stärken. Hierzu können insbesondere Vereinbarungen über die Länge der Rügefrist dienen oder auch Regelungen darüber, in welcher Weise und innerhalb welcher Fristen eine Ersatzlieferung zu erfolgen hat. Gerade im internationalen Geschäft bietet sich möglicherweise zudem die Aufnahme einer Klausel an, wonach der Auftraggeber auf Kosten und Gefahr des Verkäufers die erforderlichen Maßnahmen selbst durchführen oder durchführen lassen kann, wenn der Verkäufer seinen Gewährleistungspflichten nicht rechtzeitig nachkommt. Von nicht unbeträchtlichem Vorteil kann schließlich auch eine Verlängerung der jeweiligen gesetzlichen Verjährungsfrist im Einklang mit dem auf den Vertrag anwendbaren Recht sein.

Gegenleistung des Käufers

Weiterer wesentlicher Bestandteil eines internationalen Liefervertrages ist die Vereinbarung darüber, wann und auf welche Weise der Kaufpreis zu entrichten ist. Jede Partei wird in den Vertragsverhandlungen versuchen, entsprechend ihrer Interessenlage eine ihr besonders günstige Regelung durchzusetzen. Der inländische Käufer wird daran interessiert sein, die Zahlung möglichst lange hinauszuschieben, um möglichst kein Kapital zu binden und eine kostenintensive Finanzierung zu vermeiden. Auch ist es in der Regel für den Auftraggeber von Vorteil, die Ware vor Entrichtung des Kaufpreises im Hinblick auf ihre Mangelfreiheit untersuchen zu können. Die Interessenlage auf Seiten des Verkäufers ist eine andere. Ihm wird es vor allem zur Vermeidung einer Vorleistung darum gehen, sich mit der Vereinbarung einer möglichst frühzeitigen Bezahlung der Ware durchzusetzen. Im Ergebnis werden sich die Vertragsparteien bei einer gerechten Verteilung der beiderseitigen Risiken auf einen Leistungsaustausch einigen, der einer »Zug-um-Zug-Leistung« am nächsten kommt. Abweichungen davon sind aber je nach Verhandlungsgeschick und -position durchaus möglich. Fehlt eine konkrete Vereinbarung, so wird der Kaufpreis nach den meisten Rechtsordnungen im Zweifel fällig sein, sobald der Verkäufer die Ware oder die Dokumente zur Verfügung gestellt hat.

Zahlungsklauseln

Die konkrete vertragliche Abrede von Zahlungsbedingungen kann dabei insbesondere durch die Akkordierung einer Zahlungsvereinbarung oder durch die Aufnahme einer dokumentären Zahlungsklausel erfolgen. Bei den nichtdokumentären Zahlungsklauseln reicht die Palette der Möglichkeiten von der für den Exporteur günstigsten Klausel »Vorauszahlung der Ware« (Vorkasse), über die Vereinbarung einer »Anzahlung« und der »Lieferung gegen Nachnahme« bis hin zur »Zahlung netto Kasse« beziehungsweise »Zahlung gegen offene Rechnung«, bei denen der Käufer ein vorheriges Recht auf Untersuchung der Ware hat und gegebenenfalls zur Zahlungsverweigerung berechtigt ist. Im Falle einer überlegenen Marktposition des Einkäufers kann dieser möglicherweise sogar die für ihn besonders günstige Klausel »Zahlungsziel offen« durchsetzen.

Sicherheiten

Im Rahmen der dokumentären Zahlungsklauseln bieten sich vor allem das Dokumentenakkreditiv und das Dokumenteninkasso als praxisrelevante Regelungsmöglichkeiten an. In beiden Fällen ist ein Kreditinstitut einzuschalten, welches für die Abwicklung der Kaufpreisentrichtung zuständig ist. Zwingende Voraussetzung für die Zahlung ist stets die Vorlage und Prüfung der notwendigen vorgelegten Warendokumente. Von besonderem Vorteil bei den vorgenannten Klauseln ist, dass der Rückgriff – wie auch bei den Incoterms – auf weltweit gleichermaßen gültige Richtlinien der Internationalen Handelskammer Paris möglich ist. Die von der Internationalen Handelskammer Paris herausgegebenen Einheitlichen Richtlinien und Gebräuche für Dokumentenakkreditive und die Einheitlichen Richtlinien für Inkassi leisten insofern einen großen Beitrag zu mehr Rechtssicherheit durch eine einheitliche Auslegung und zur Verfahrensvereinfachung. Im Falle der Vereinbarung einer der vorgenannten Richtlinien sollte dann stets darauf geachtet werden, dass die aktuelle Fassung gewählt wird.

In der Praxis hat sich bisher gezeigt, dass gerade in Fällen, in denen die Geschäftspartner noch keine vertrauensvolle Geschäftsverbindung aufbauen konnten, oft auf das Dokumentenakkreditiv zurückgegriffen wird. Insofern bietet dieses Verfahren für den Exporteur die Sicherheit, dass die Ware bezahlt wird, wenn die vom Exporteur eingereichten Dokumente akkreditivgerecht sind. Er trägt kein Zahlungsrisiko. Der Vorteil für den Importeur liegt darin, dass er nur dann über seine Bank leisten muss, wenn akkreditivgerechte Dokumente vorgelegt werden.

Beim Dokumenteninkasso besteht vor allem für den Auftraggeber eine erhöhte Risikolage. Er erlangt vor Zahlung nur den Nachweis, dass die bestellte Ware auf den Weg gebracht worden ist. Der Importeur ist also vorleistungspflichtig, er kann die Ware vor Bezahlung weder prüfen noch besichtigen. Da ein abstraktes Zahlungsversprechen der Bank des Importeurs nicht vorliegt, birgt das Dokumenteninkasso auf der anderen Seite für den Exporteur das Risiko, dass der Käufer die Zahlung und die Abnahme der Ware nicht vornimmt.

Was bei der Verletzung von Nebenpflichten zu beachten ist

Abgesehen von Regelungen zum Austausch der beiderseitigen Hauptleistungen sollte der Vertrag auch Regelungen zu den Nebenpflichten der Vertragsparteien enthalten. Gerade dann, wenn nicht nur Rohstoffe oder andere standardisierte Handelsgüter geliefert werden sollen und der Lieferant Einblick in technische und ökonomische Strukturen des Käufers erhält, befürchtet der inländische Einkäufer – grundsätzlich zu Recht – die unlautere Weitergabe oder Verwertung von geheimhaltungsbedürftigen Informationen, die dem Vertragspartner im Zuge des Geschäfts zur Kenntnis gelangt sind. Im internationalen Einkauf ist aus diesem Grunde der Abschluss einer Geheimhaltungsvereinbarung beziehungsweise Vertraulichkeitsvereinbarung zu empfehlen, weil der gesetzliche Schutz im internationalen Vergleich unterschiedlich ausgeprägt ist und die geheimhaltungsbedürftigen Informationen im Rahmen einer »Non-Disclosure-Vereinbarung« im Einzelnen bezeichnet werden können. Überhaupt ist es gerade in den anglo-amerikanisch beeinflussten Rechtssystemen (wie zum Beispiel Indien) üblich, jede auch nur erdenkliche Fallkonstellation vertraglich zu regeln. Geschieht dies nicht, so ist es ungleich schwerer, die vertraglich nicht geregelten Ansprüche durchzusetzen. Um den Schutz des Non-Disclosure-Agreements zu verstärken, sollte an die Verletzung der Vereinbarung eine Vertragsstrafe gekoppelt werden. Da Vertragsstrafen nicht in jeder Rechtsordnung durchsetzbarer sind, sollte sich der geschützte Vertragspartner darüber klar sein, welches nationale Recht im Konfliktfall zur Anwendung kommt und ob die Vertragsstrafe auf der Grundlage des anwendbaren Rechtes durchsetzbar ist.

Verletzung des geistigen Eigentums

Gerade im Geschäftsverkehr mit Lieferanten aus China ist die Furcht vor dem unerwünschten Know-how-Transfer, dem »Know-how-Klau«, immer noch groß. Die Sorgen sind zum Teil auch berechtigt. Zwar hat China mit der Novellierung seines Patentgesetzes vom 25. August 2000 schon vor dem Beitritt zur WTO einen formal umfassenden Schutz des geistigen Eigentums geschaffen, der keinen internationalen Vergleich scheuen muss. Auf der Grundlage des geltenden Rechtes ist es möglich, Marken, geschäftliche Beziehungen und Domains schützen zu lassen, Ansprüche gegen Verletzer zu erheben sowie Patente und Urheberrechte einzutragen. Ferner haben die chinesischen Zollbehörden das Recht, Waren, bei denen der Verdacht auf eine Schutzrechtsverletzung besteht, zu beschlagnahmen. Allerdings klafft immer noch eine Lücke zwischen Anspruch und Realität, so dass der Käufer gut daran tut, sich auch mit technischen und organisatorischen Maßnahmen vor der Verletzung seines geistigen Eigentums und der Abwanderung seines Know-hows zu schützen. Es ist aber sicher nicht erforderlich, ein aussichtsreiches China-Engagement allein wegen der möglichen Verletzung geistigen Eigentums zu verwerfen.

Fallbeispiel 4:
Käufer A aus Deutschland und Lieferant B aus dem Ausland haben im gegenseitigen Einvernehmen die Modalitäten der Vertragsabwicklung in ihrem Liefervertrag niedergelegt. Obwohl der deutsche Einkäufer hofft, damit den Grundstein für eine erfolgreiche und reibungslose Geschäftsdurchführung gelegt zu haben, fragt er sich, ob und gegebenenfalls in welcher Form nicht auch Regelungen zur Rechtsdurchsetzung im Vertrag getroffen werden sollten beziehungsweise welche diesbezüglichen Besonderheiten im internationalen Geschäft zu beachten sind.

Die Durchsetzung von Ansprüchen im internationalen Warenverkehr

Schon beim Abschluss eines internationalen Handelsvertrages sollte sich der Käufer Gedanken über die Durchsetzung etwaiger Ansprüche gegen den ausländischen Vertragspartner machen. Die Schwierigkeiten bei der Durchsetzung von Ansprüchen können mit ganz einfach erscheinenden Fragen beginnen, etwa mit der Frage nach der Identität und richtigen Bezeichnung des Vertragspartners sowie dessen Wohn- beziehungsweise Firmensitzes und seinem

Aufenthaltsort. Es ist schon beim Vertragsschluss äußerst wichtig, den Vertragspartner im Vertrag namentlich mit allen Angaben korrekt zu bezeichnen und sich nicht auf Abkürzungen und abstrakte Bezeichnungen zu beschränken. Im Auslandsgeschäft ist es regelmäßig schwieriger, sich über externe Informationsquellen Kenntnisse über den Geschäftspartner zu verschaffen, als im Inlandsgeschäft, weil öffentliche Register häufig fehlen und die erfolgten Eintragungen meist nur deklaratorische Bedeutung haben. Es liegt also nahe, die freundliche Phase der Vertragsanbahnung und des Vertragsschlusses zu nutzen, sich die benötigten Informationen vom Geschäftspartner selbst beschaffen zu lassen, die zur Durchsetzung von Ansprüchen benötigt werden.

Vertragliche Sicherungen

Um zur Durchsetzung von Ansprüchen möglicherweise gar nicht erst den Rechtsweg beschreiten zu müssen, können Sicherungen zur Durchsetzung von Forderungen, wie zum Beispiel Bankbürgschaften oder -garantien und Versicherungen, bereits vertraglich festgelegt werden. Von solchen Möglichkeiten wird oft nur im Exportgeschäft Gebrauch gemacht; sie eignen sich jedoch auch für den internationalen Einkauf.

Außergerichtliche Streitbeilegung

Bevor es zur Einleitung eines Rechtsstreites kommt, werden die Beteiligten in der Regel bemüht sein, die streitige Angelegenheit außergerichtlich zu klären. Bevor allerdings wertvolle Zeit und Kosten für langwierige Korrespondenz und Geschäftsbesuche aufgewandt werden, sollte sich der Anspruchsinhaber darüber klar werden, wann sein Anspruch nach dem jeweils anwendbaren Recht verjährt und wie gegebenenfalls der Ablauf der Verjährung unterbrochen oder gehemmt werden kann. Ausländische Rechtsordnungen sehen teilweise sehr überraschende Verjährungsregeln vor.

Gerichtliche Auseinandersetzung

Ist ein Rechtsstreit unvermeidbar geworden, so erscheint es in der Regel erstrebenswert, den Prozess im Inland führen zu können. Die Zuständigkeit der deutschen Gerichte kann entweder vertraglich vereinbart werden oder nach der internationalen Zuständigkeit deutscher Gerichte gegeben sein. Gelegentlich ist es unter Zwangsvollstreckungsgesichtspunkten auch durchaus sinnvoll, den Prozess gegen den ausländischen Lieferanten im Ausland zu führen. Dies gilt insbesondere dann, wenn die Anerkennung des inländischen Urteiles zum Zwecke der Zwangsvollstreckung im Ausland nicht oder nur mit großen Schwierigkeiten zu erlangen wäre. Weitere Gesichtspunkte, die für die Prozessführung im Ausland sprechen könnten, sind: die voraussichtliche Prozessdauer, die Prozesskosten, die Erreichbarkeit von Beweismitteln und die Frage, nach welchem nationalen Recht das angerufene Gericht den Rechtsstreit entscheiden müsste. Es empfiehlt sich in diesem Zusammenhang, sich bei einer international tätigen Anwaltskanzlei oder einem Deutsch sprechenden Anwalt im jeweiligen Ausland nach den Bedingungen der Prozessführung im Ausland zu erkundigen.

Die Vollstreckbarkeit deutscher Urteile im Ausland

In Europa lassen sich deutsche Urteile seit dem 1. März 2002 auf der Grundlage der Verordnung »Brüssel I« vollstrecken. Diese Verordnung ersetzt weitestgehend das EuGVÜ (Europäisches Gerichtsstands- und Vollstreckungsübereinkommen) vom 27. September 1968, das jedoch weiterhin im Verhältnis zu Dänemark und einigen überseeischen Gebieten einzelner Mitgliedstaaten Anwendung findet. Im Verhältnis zu Island, Norwegen, Polen und der Schweiz gelangt das LugÜ (Luganer Übereinkommen über die gerichtliche Zuständigkeit und die Vollstreckung gerichtlicher Entscheidungen in Zivil- und Handelssachen) vom 16. September 1988 zur Anwendung. Für das außereuropäische Ausland gelten – teilweise – bilaterale Anerkennungs- und Vollstreckungsübereinkommen. Es ist dringend zu empfehlen, sich vor Einleitung eines zeit- und kostenintensiven Rechtsstreites nach den Vollstreckungsmöglichkeiten im

Ausland zu erkundigen. Lässt sich ein im Inland erstrittenes Urteil im Ausland nicht vollstrecken, ist die dem Rechtsstreit zugrunde liegende Gerichtsstandsvereinbarung wertlos.

Schiedsgerichtsverfahren

Wegen der teilweise beschränkten Vollstreckungsmöglichkeiten inländischer Urteile im Ausland und umgekehrt ist es in vielen Fällen empfehlenswert, über ein Schiedsgerichtsverfahren zum Recht zu gelangen. Voraussetzung ist der Abschluss einer Schiedsgerichtsvereinbarung. Der deutsche Gesetzgeber hat mit der Neuregelung des Schiedsverfahrens vom 22. Dezember 1997 die Vorschriften zum Schiedsverfahren in der Zivilprozessordnung mit Wirkung ab 1. Januar 1999 völlig neu geregelt. Darüber hinaus wurden die Schiedsverfahrensregeln der Internationalen Handelskammer in Paris, die international große Anerkennung genießen, mit Wirkung ab 1. Januar 1998 erneuert.

Der so genannte Schiedsrichtervertrag unterliegt der Schriftform und regelt die Besetzung des Schiedsgerichtes und die Einzelheiten der anzuwendenden Verfahrensregeln. Der Schiedsspruch hat unter den Parteien die Wirkungen eines rechtskräftigen gerichtlichen Urteiles (§ 1055 Abs. 6 ZPO), kann also normalerweise nicht mehr mit Rechtsmitteln angefochten werden. Für die unterlegene Partei hat dies den Nachteil, dass der Schiedsspruch in der Regel nicht von der nächsthöheren Instanz überprüft und gegebenenfalls abgeändert werden kann. Erfüllt die unterlegene Partei den Schiedsspruch nicht, so lässt sich aus dem für vollstreckbar erklärten Schiedsspruch die Zwangsvollstreckung betreiben. Die Vollstreckbarkeitserklärung ist allerdings von einem staatlichen Gericht zu erteilen. Das staatliche Gericht prüft in diesem Zusammenhang nicht die Richtigkeit des Schiedsspruches, sondern nur, ob im Schiedsverfahren wesentliche Verfahrensfehler gemacht wurden.

Vorteile der Schiedsgerichtsbarkeit

Für den internationalen Warenverkehr liegt der große Vorteil der Schiedsgerichtsbarkeit in der Möglichkeit, ausländische Schiedssprüche im Inland oder inländische Schiedssprüche im Ausland nach dem »Übereinkommen vom 16. Juni 1958 über die Anerkennung und Vollstreckung ausländischer Schiedssprüche« für vollstreckbar erklären zu lassen, um daraus die Zwangsvollstreckung betreiben zu können. Diesem UN-Abkommen sind bis Februar 2005 135 Vertragsstaaten beigetreten. Dazu gehören unter anderem Deutschland und für das Global Sourcing so wichtige Länder wie China, Indien, die Türkei, Polen oder Tschechien.

Wichtige internationale Institutionen befassen sich mit dem Schiedsgerichtswesen. Namentlich zu nennen ist die Internationale Handelskammer (International Chamber of Commerce – ICC) in Paris. Für die Schiedsgerichtsbarkeit der ICC gelten eigene Schiedsgerichtsregeln, die zuletzt zum 1. Januar 1998 novelliert wurden. Große Bedeutung hat auch die UNCITRAL-Schiedsgerichtsordnung und die Schiedsgerichtsordnung der deutschen Institution für Schiedsgerichtsbarkeit e. V. (DIS).

Die meisten Schiedsgerichtsordnungen sehen vor, dass jede Partei einen Schiedsrichter benennt und sich die benannten Schiedsrichter auf einen Obmann einigen, so dass das Gericht mit einer ungeraden Zahl von Schiedsrichtern besetzt ist. Durch die Auswahl der Schiedsrichter haben die Parteien einen gewissen Einfluss auf das Verfahren und können sicherstellen, dass das Gericht sachkundig besetzt ist. Ein weiterer Vorteil des Schiedsverfahrens ist der, dass das Verfahren nicht öffentlich stattfindet und die Lieferantenbeziehung durch das Verfahren nicht offen gelegt werden muss. Als Nachteil mag gelten, dass sich die gewählten Schiedsrichter aufgrund ihrer Sachkunde nach Stundensätzen vergüten lassen, die einen Vergleich mit den Sätzen gut bezahlter Anwälte nicht scheuen müssen. Die Kosten von Schiedsgerichtsverfahren liegen deshalb regelmäßig über den Kosten staatlicher Gerichtsverfahren. Dieser Nachteil wird jedoch durch die höhere Verfahrensgeschwindigkeit und die Beschränkung auf eine Verfahrensinstanz kompensiert.

Es lohnt sich also, sich nicht nur über die staatliche Gerichtsbarkeit des jeweiligen Sourcing-Landes zu informieren, sondern auch über dessen Schiedsgerichtsbarkeit. Gerade in Ländern mit langer Handelstradition ist häufig eine gut funktionierende Schiedsgerichtsbarkeit vorzufinden. Dies soll nachfolgend am Beispiel China verdeutlicht werden.

Schiedsgerichtsbarkeit am Beispiel China

In China ist die Schiedsgerichtsbarkeit durch das am 1. September 1995 in Kraft getretene Arbitration Law of the People's Republic of China neu geregelt worden. Im »Reich der Mitte« existieren für internationale Rechtsstreitigkeiten zwei Institutionen, seit 1954 die China International Economic and Trade Arbitration Commission (CIETAC) für Handelsstreitigkeiten und seit 1956 die China Maritime Arbitration Commission (CMAC) für seerechtliche Streitigkeiten. Die CIETAC gehört zu den weltweit meistbeschäftigten Schiedsgerichtskommissionen. Dies liegt zum Teil daran, dass die Kommission selbst und nicht das konstituierte Schiedsgericht darüber entscheidet, ob überhaupt eine wirksame Schiedsvereinbarung vorliegt. Als Schiedsrichter können nur von der Arbitration Commission zugelassene Schiedsrichter ernannt werden. Die Zulassung wird alle drei Jahre erneuert. Die Schiedsrichterliste umfasst Hunderte von namhaften Persönlichkeiten verschiedener Berufe, darunter viele Ausländer, auch einige Deutsche. Für diese Schiedsrichter existieren ausführliche Standesregeln. Das chinesische Arbitration Law schreibt vor, dass Schiedsrichter ihre Arbeit unabhängig und gesetzestreu zu verrichten haben. Die offizielle Verfahrenssprache ist Chinesisch (Mandarin). Wird das Verfahren in chinesischer Sprache geführt, kann die Arbitration Commission, falls notwendig, einen Dolmetscher stellen und die Vorlage englischer beziehungsweise chinesischer Übersetzungen der eingereichten Schriftstücke anordnen, was bei Verfahren mit ausländischen Beteiligten regelmäßig geschieht.

Verfahrensablauf

Der Ablauf des Verfahrens, einschließlich der mündlichen Verhandlung, gleicht dem kontinental-europäischen Gerichtsverfahren. Die Parteien müssen den Sach- und Streitstand zunächst schriftlich vortragen. Schiedsgerichtsregeln werden nicht vereinbart. Eine Amtsermittlung findet nicht statt. Das Schiedsgericht ist aber befugt, Untersuchungen durchzuführen und Beweise zu erheben, sofern es notwendig erscheint. Die mündliche Verhandlung basiert auf dem schriftlichen Vortrag der Parteien und ist daher vergleichsweise kurz; sie dauert gewöhnlich nicht mehr als einen Tag. Die Parteien müssen die Fakten beweisen, auf die sie ihren Anspruch und ihre Verteidigung stützen. Die Beweisaufnahme kennt beispielsweise nicht die englische Form des Kreuzverhörs. Im Ergebnis enden Schiedsgerichtsverfahren häufig durch einen Vergleich, namentlich dann, wenn es um finanzielle Ansprüche geht. Ob und wann dies faktisch geschieht, hängt ähnlich wie in Deutschland oftmals von der Überzeugungskraft der Schiedsrichter ab. Im Schiedsspruch kann das Schiedsgericht der obsiegenden Partei Kostenersatz zusprechen.

Zusammenfassend ist festzustellen, dass sich der deutsche Handelspartner schon bei der Vertragsgestaltung Gedanken machen sollte, worin die spezifischen rechtlichen Risiken der Lieferbeziehung bestehen könnten und wie er seine Ansprüche potenziell am günstigsten durchsetzen kann. Ein gut durchdachter und durchsetzbarer Vertrag hilft, Risiken zu vermeiden und schreckt den Vertragspartner von vornherein davon ab, vertragsbrüchig zu werden.

Kapitel 6
So fördert Global Sourcing profitables Wachstum und steigert den Unternehmenswert

Deutsche Unternehmensführer gelten weltweit als ausgezeichnete Sanierer. Im Fach Wachstumsmanagement schneiden die Top-Manager aus der Bundesrepublik allerdings nicht so gut ab. Französische und britische Firmenlenker erweisen sich in diesem Bereich als wesentlich effizienter, belegt eine Studie des *Manager Magazins* aus dem April 2005. Für sie steht profitables Wachstum in unmittelbarem Zusammenhang mit dem Einstieg in globale Märkte. International tätig zu sein, bedeutet für die Top-Führungskräfte aus Frankreich und Großbritannien aber nicht nur, fremde Absatzmärkte zu erobern, sondern auch im Ausland zu beschaffen. Hierzulande gibt es noch zu wenige, die Global Sourcing als strategisches Wachstumsmanagement erkennen. Und längst nicht alle Aktiengesellschaften sind sich bewusst, dass weltweites Beschaffen den Shareholder Value positiv beeinflusst.

Mittelständische Unternehmer brauchen sich um das Thema Shareholder Value nicht zu kümmern, weil es sich bei ihnen meist um die Inhaber handelt. Bei der Finanzierung setzen sie in erster Linie auf eigene Mittel oder, wenn es sein muss, auf langfristige Bankkredite. Die Beschaffung erfolgt bei vielen von ihnen immer noch auf traditionelle Weise: bei langjährigen Lieferanten aus dem regionalen Umfeld. Damit nehmen sich diese Mittelständler die Möglichkeit, ihre Erträge nachhaltig zu stabilisieren beziehungsweise deutlich zu steigern. Sie verzichten zusätzlich auf die Chance, sich mit dem Einstieg in das Global Sourcing rechtzeitig auf die immer härteren Preiskämpfe im Rahmen des rasant wachsenden internationalen Wettbewerbs einzustellen.

Auf den folgenden Seiten werden die Auswirkungen von Global Sourcing auf die Ertragslage eines Unternehmens geschildert. Außerdem erfahren Sie, wie die grenzüberschreitende Beschaffung zu einem guten Rating-Ergebnis nach Basel II beitragen und die Zu-

Zukunftschance Global Sourcing. Gerd Kerkhoff
Copyright © 2005 WILEY-VCH Verlag GmbH & Co. KGaA, Weinheim
ISBN: 3-527-50196-7

sammenarbeit mit Investoren beeinflussen kann. Private-Equity-Gebern wird der wertsteigernde Einfluss von Global Sourcing auf ihre Portfoliounternehmen dargestellt.

Wie Global Sourcing das Rating nach Basel II beeinflusst

In Zukunft wird die Kreditbeschaffung für eine Reihe von kleinen und mittelständischen Unternehmen schwieriger. Denn Banken und Sparkassen sind dann im Rahmen von Basel II gezwungen, Kreditnehmer einem quantitativen und qualitativen Rating zu unterziehen. Wer bei dieser Prüfung schlecht abschneidet, hat mit höheren Kreditkosten zu rechnen oder muss schlimmstenfalls sogar befürchten, dass ihm seine Hausbank »den Geldhahn zudreht«. Einige Kreditinstitute arbeiten bereits heute nach diesen strengen Vergaberichtlinien. Dieses Vorgehen trifft viele Mittelständler besonders hart, denn ihre oft zu dünnen Eigenkapitalquoten zwingen zu einem hohen Maß an Fremdfinanzierung. Liegt der Eigenkapitalanteil hierzulande durchschnittlich bei 20 Prozent, verfügen mittelgroße Unternehmen in den USA über eine Eigenkapitalquote von 45 Prozent. Ähnlich stellt sich die Situation in Spanien und Großbritannien dar. Hier liegt der Eigenkapitalanteil bei etwa 40 Prozent.

Während sich die Kreditinstitute bei Bonitätsprüfungen bislang auf Entwicklungen in der Vergangenheit bezogen und vor allem finanzwirtschaftliche Kennzahlen analysierten, bezieht das Rating im Rahmen von Basel II eine zukunftsorientierte Betrachtung mit ein. Dabei stehen Kriterien wie die Fähigkeit des Unternehmens, Erträge zu erwirtschaften, um Kredite zurückzahlen zu können, die Stärke und Qualifikation des Managements oder die Position des möglichen Kreditnehmers innerhalb seines Wettbewerbs im Fokus. Zusätzlich wird bei dieser Bewertung auch die Effizienz des Einkaufs überprüft. Hier geht es vor allem darum, die Organisation des Beschaffungsmanagements, seine Position in der Unternehmensorganisation, die personelle Besetzung sowie die Internationalität zu beurteilen.

Damit trägt professionell durchgeführtes Global Sourcing massiv dazu bei, sich den Banken als innovatives, anhaltend profitables Unternehmen präsentieren zu können. So lässt sich zum einen die Ertrags-/Aufwandquote durch den grenzüberschreitenden Einkauf deutlich verbessern. Zum anderen sollte man Global Sourcing nutzen, um die für die Banken und Sparkassen häufig entscheidende Relation von Fremdkapital zu Eigenkapital, »Verschuldungsquote« genannt, zu optimieren. Denn jeder Prozentpunkt, der durch die internationale Beschaffung eingespart wird, wirkt sich direkt auf das Unternehmensergebnis aus und erhöht damit die Eigenkapitalquote. Die Folge: Das Rating-Ergebnis wird positiv beeinflusst, die Kreditkosten verringern sich oder bleiben zumindest gleich. Das folgende Beispiel verdeutlicht, wie positiv ein ganzheitlich umgesetztes Global Sourcing die Gewinn- und Verlustrechnung und somit die Bilanz eines Unternehmens beeinflusst. Der Einfachheit halber betrachten wir in diesem Beispiel ausschließlich nicht zu aktivierende Positionen, das heißt verhandelbare Bilanzpositionen auf der Aktivseite (Anlagevermögen) bleiben unberücksichtigt:

in T€	Ohne Global-Sourcing-Effekt	Mit Global-Sourcing-Effekt	Global-Sourcing-Effekt in %
Umsatzerlöse	500.000	500.000	
/. Herstellkosten	332.500	299.250	10
Bruttoergebnis vom Umsatz	**167.500**	**200.750**	
/. Forschungs- und Entwicklungskosten	40.000	38.000	5
/. Vertriebskosten	75.000	75.000	
/. Allgemeine Verwaltungskosten	20.000	17.000	15
Sonstige betriebliche Erträge	5.000	5.000	
/. Sonstige betriebliche Aufwendungen	10.000	8.500	15
Beteiligungsverhältnis	2.500	2.500	
Ergebnis aus Finanzanlagen	5.000	5.000	
/. Zinsergebnis	800	792	1
Operatives Ergebnis	**34.200**	**73.958**	
/. Steuern vom Einkommen und Ertrag	8.892	8.892	
Außerordentliches Ergebnis	500	500	
Jahresüberschuss	**25.808**	**65.566**	
Gewinnvortrag aus dem Vorjahr	8.500	8.500	
/. Anteil anderer Gesellschafter am Ergebnis	1.000	1.000	
/. Einstellungen in der Gewinnrücklage	2.000	2.000	
Bilanzgewinn	**31.308**	**71.066**	

Ab. 13 EBIT-Wirkung von Global Sourcing
Quelle: Kerkhoff Consulting

Wie Global Sourcing der Gewinn- und Verlustrechnung zusätzlichen Glanz verleiht

Schon strategisches Beschaffen im Inland trägt massiv dazu bei, die Gewinn- und Verlustrechnung (GuV) eines Unternehmens zu optimieren. Mit Global Sourcing lassen sich die positiven Effekte weiter steigern. Wie sich die weltweite Beschaffung auf die wesentlichen Bestandteile der GuV auswirken kann, verdeutlicht die nachfolgende Betrachtung.

Auf den vorangegangenen Seiten wurde bereits dargestellt, dass eine ganze Reihe von Firmen ihr Engagement auf globalen Beschaffungsmärkten nicht nur dazu nutzt, nachhaltige Einsparpotenziale zu generieren. Häufig werden aus Beschaffungsmärkten ohne allzu großen finanziellen Mehraufwand lukrative Absatzmärkte. So lassen sich beispielsweise vor Ort tätige unternehmenseigene Einkaufsbüros dazu nutzen, zusätzlich zu ihren Beschaffungsaktivitäten, Potenziale für die Produkte des eigenen Unternehmens zu identifizieren und einen erfolgreichen Markteinstieg vorzubereiten. Damit kann Global Sourcing indirekt dazu beitragen, den Umsatz nachhaltig positiv zu beeinflussen. Die Rating-Agentur Standard & Poor's belohnt die geografische Umsatzdiversifikation sogar im Rahmen ihrer Ratings mit Pluspunkten und ebnet damit den Weg zu günstigeren Finanzierungskonditionen. Ganz ohne erfahrene Vertriebsexperten kann der Einstieg in einen neuen internationalen Markt allerdings nicht erfolgen. Die Vertriebskosten lassen sich jedoch aufgrund der vorhandenen Marktkenntnisse, der rechtlichen Rahmenbedingungen sowie schon bestehender Netzwerke deutlich reduzieren.

Die Herstellkosten werden in der Regel maßgeblich durch den Materialeinsatz bestimmt. Allerdings eignen sich, wie bereits erläutert wurde, nicht alle eingesetzten Waren grundsätzlich für eine internationale Beschaffung. Vor allem in Hinblick auf Qualität und Transportkosten gilt es genau zu differenzieren, welche Produkte tatsächlich global beschafft werden können. Dazu muss jeder Unternehmenslenker seine individuellen Entscheidungskriterien definieren. Aufgrund unserer langjährigen Erfahrungen lässt sich aber sagen, dass bei intensiver Betrachtung der insgesamt zu beschaffenden Produkte und Dienstleistungen ein sehr viel größerer Anteil

»Global-Sourcing-fähig« ist als viele unserer Kunden vermuten. Es lohnt sich also fast immer. Der Erfolg lässt sich sogar häufig potenzieren, wenn nicht nur einzelne Bauteile im Ausland beschafft, sondern ganze Baugruppen im Rahmen von so genannten Make-or-Buy-Entscheidungen an entsprechende internationale Lieferanten vergeben werden. Dabei handelt es sich natürlich nicht um »Quick Wins« im Sinne von kurzfristigen Einspareffekten. Hier geht es um mittelfristige Lieferpartnerschaften, die durch einen hohen Entwicklungsanteil geprägt sind.

Auch die Forschungs- und Entwicklungskosten lassen sich durch grenzüberschreitende Beschaffung beeinflussen. Allerdings stoßen wir bei unseren Kunden immer wieder auf das Vorurteil, dass ausländische Zulieferer im Vergleich zu den bekannten Lieferanten aus der Heimat nicht in der Lage wären, den Forschungs- und Entwicklungsprozess in verlässlicher Form zu übernehmen beziehungsweise zu begleiten. Urteile wie »Kopisten« oder »Billiger Jakob« sind nichts Ungewöhnliches – zu Unrecht meine ich. Denn unsere Erfahrungen belegen die technologische Leistungsfähigkeit von Lieferanten aus Niedriglohnländern. So spiegeln meine vor kurzem in Asien geführten Gespräche mit einem Hersteller von Steuerungsplatinen für die Unterhaltungselektronik ein vollkommen anderes Selbstverständnis der Lieferanten vor Ort wider. Dort geht man inzwischen sogar so weit, dass Anfragen ausländischer Firmen, die ausschließlich darauf abzielen, bereits fertig konzipierte Teile in hoher Stückzahl und zu einem möglichst geringen Preis zu beziehen, abgelehnt werden. Man versteht sich vielmehr als kompetenter Ansprechpartner der Design- und Entwicklungsabteilungen der potenziellen Abnehmer. Viele namhafte Markenartikler der internationalen Unterhaltungselektronikindustrie stehen bereits auf der Kundenliste. Kürzlich bekam das Unternehmen sogar einen internationalen Designpreis verliehen. Voller Stolz wurden mir großzügige Entwicklungsabteilungen präsentiert, in denen exzellent ausgebildete Techniker und Ingenieure arbeiten.

Ein Vergleich der Stundensätze eines Diplomingenieurs in Europa mit dem Verdienst einer vergleichbar ausgebildeten Fachkraft in Asien verdeutlicht rasch, dass im Bereich Forschung und Entwicklung attraktive Einsparpotenziale zu finden sind. Die heutige Technologie des Datentransports macht es zudem völlig unerheblich, ob die Entwicklungsexperten im heimatlichen Unternehmen oder an einem fernen Ort arbeiten. Das geschilderte Beispiel steht übrigens stellvertretend für eine ganze Reihe ähnlicher Eindrücke, die wir in Bereichen wie Werkzeugbau, Verpackungs- oder Lichtindustrie gesammelt haben.

Im ersten Moment mag man kaum glauben, dass sich auch bei den allgemeinen Verwaltungskosten durch Global Sourcing interessante Spareffekte realisieren lassen. Denken Sie zum Beispiel an Serviceleistungen aus dem IT-Bereich, die heute bei entsprechenden Beratern eingekauft werden. Der Experte kommt in der Regel in das Unternehmen, berechnet Reisekosten und die Arbeitsstunden vor Ort. Künftig lassen sich solche Dienstleistungen mit Hilfe des Internets zu wesentlich geringeren Kosten abrufen – und das 24 Stunden am Tag. Mittlerweile gibt es auch genügend BPO-Anbieter, die für große Unternehmen sowie Banken und Versicherungen IT-gestützte Geschäftsprozesse übernehmen. Auch in diesem Bereich stehen die hohen Personalkosten deutscher Mitarbeiter wesentlich niedrigeren Löhnen entsprechender Mitarbeiter in Indien gegenüber und strafen diejenigen, die solche Einsparpotenziale ungenutzt lassen. Übrigens: Befürchtungen, eine ins Ausland verlagerte Telefon-Hotline würde den Kundenkontakt aufgrund möglicher Sprachprobleme negativ beeinflussen, können schnell durch einen Besuch vor Ort entkräftet werden. Die Mitarbeiter in dem von uns besuchten BPO-Unternehmen waren sogar in der Lage, Kunden aus unterschiedlichen britischen Regionen mit deren spezifischem Akzent anzusprechen.

Letztlich bleiben noch die sonstigen betrieblichen Aufwendungen. Dieser Bereich steht in der Regel noch nicht einmal im Fokus von Einsparaktivitäten des nationalen Einkaufs. Eine Beschaffung auf internationalen Märkten wird daher in konsequenter Weise noch seltener in Erwägung gezogen. Häufig ordert man solche Produkte oder Dienstleistungen sogar an der Beschaffungsabteilung vorbei, direkt durch die jeweiligen Abteilungen. Ein großer Fehler, denn gerade hier bieten sich ebenfalls reichlich Ansatzpunkte für Global Sourcing. Da gibt es zum Beispiel den Geschäftsbericht einer namhaften deutschen Aktiengesellschaft, dessen Druck Jahr für Jahr Hunderttausende von Euro verschlingt. Bei entsprechender Planung der Vorlaufzeiten und Berücksichtigung der logistischen

Rahmenbedingungen könnte sich durchaus eine weit günstigere Druckerei in Tschechien oder Polen als Dienstleister eignen. Ein weiteres Beispiel sind Werbematerialien oder die so genannten Streuartikel wie Feuerzeuge, Regenschirme, Kappen oder Taschenrechner. Auch hier bieten sich gute Möglichkeiten, solche Produkte in den entsprechenden Beschaffungsmärkten zu wesentlich günstigeren Konditionen zu sourcen, als erneut auf den Großhändler in der Nachbarschaft des eigenen Standortes zurückzugreifen.

Global Sourcing als Wachstumsmotor

Wachstum zu erzielen ist die strategische Zielsetzung aller Unternehmen. Die Umsetzung von Wachstumszielen wird jedoch in der Praxis maßgeblich durch externe Rahmenbedingungen beeinflusst. Stetiger Kostendruck durch die Abnehmer und ein damit einhergehender Preisverfall auf der Vertriebsseite, steigende Konkurrenz durch die zunehmende Globalisierung sowie vielfach stagnierende Märkte stehen den selbst gesetzten Vorgaben oft genug entgegen. Hohe Produktionskosten, bedingt durch kontinuierlich steigende Lohnnebenkosten, wirken sich ebenfalls negativ auf die Preise deutscher Produkte aus. Die Komplexität von Wachstumsstrategien bedingt daher die Berücksichtigung einer Vielzahl von Teilstrategien, die grundsätzlich alle Unternehmensbereiche tangieren. Einen Ausweg aus einer möglichen Kostenfalle bietet die internationale Beschaffung und Produktion. Damit wird das globale Sourcing integraler Bestandteil eines effizienten Wachstumsmanagements. Das Unternehmenswachstum führt den Einkauf jedoch in eine neue Dimension – vor allem durch die zu erschließenden Beschaffungsmärkte.

Was heißt eigentlich Wachstumsmanagement?

Grundsätzlich hängt das Unternehmenswachstum von drei Faktoren ab:

1. Der erfolgreichen Interaktion mit der Unternehmensumwelt, wie Beschaffungs- und Absatzmärkten, Lieferanten, Kunden und so weiter,
2. den im Unternehmen verfügbaren Ressourcen, also Finanzmittel, Fertigungskapazitäten, Mitarbeitern sowie
3. den Kenntnissen, Fertigkeiten und Wachstumsambitionen des Unternehmers oder des Unternehmerteams.

In Anlehnung an die Produkt-Markt-Matrix von Igor Ansoff, der als »Vater des Strategischen Managements« gilt, lassen sich vier unterschiedliche Arten von Wachstumsstrategien realisieren. Ausgehend von dem aktuellen Zustand des Unternehmens kann Wachstum zunächst auf dem Weg der Marktdurchdringung durch Intensivierung des laufenden Geschäftes erreicht werden. Die Strategie der Marktentwicklung zielt darauf ab, für das vorhandene Produktprogramm neue Absatzgebiete oder Zielgruppen zu erschließen. Beide Methoden werden häufig mit aggressiven Preisschlachten auf der Vertriebsseite umgesetzt und erhöhen damit zwangsläufig den Druck auf die Beschaffung. Der Einkauf muss also neue Wege suchen und kommt dabei fast »automatisch« auf die globale Beschaffung. Als dritte Strategie bietet sich die konsequente Einführung neuer, innovativer Produkte an. Bei diesem Verfahren ist vor allem die Innovationskraft gefragt und das frühzeitige Identifizieren neuer Trends. Auch dabei kann der Einkauf maßgeblich unterstützen. Schließlich sollte diese Abteilung als ständiger Gesprächspartner der Zulieferer über aktuelle technologische Tendenzen bestens informiert sein. Als anspruchsvollste Form des Wachstums gilt letztlich die Diversifikation, also die Entwicklung neuer Produkte und ihr Absatz in bisher unbekannten Ländern. Sollte die Beschaffung im Rahmen des globalen Einkaufs bereits in dem potenziellen neuen Markt Erfahrungen gesammelt haben, kann sie dem Vertrieb als wichtiger Informant zu Themen wie Wettbewerbssituation oder Marktstrukturen dienen.

Das Wachstumsmanagement zielt letztlich darauf ab, die mit den dargestellten Formen des Unternehmenswachstums einhergehende, stetig steigende unternehmerische Komplexität anforderungsgerecht und zielführend zu handhaben. Dazu müssen die Unternehmen ihre Fähigkeiten in den verschiedenen betrieblichen

Funktionsbereichen stufenweise auf- beziehungsweise ausbauen, das betrifft vor allem den Einkauf. Es gilt, interne Strukturen und Ressourcen neu zu organisieren, um mit der zunehmenden Unternehmensgröße und der meist mit dem Wachstum einhergehenden Internationalisierung Schritt zu halten. Das Wachstumsmanagement versucht also Antworten auf diese Fragen zu finden:

- Warum soll das Unternehmen wachsen?
- Wie lässt sich die Wachstumsplanung strukturieren?
- Welche Herausforderungen stellt das Wachstum an das Unternehmen?
- Welches sind die kritischen Wachstumsschwellen in der Unternehmensentwicklung?
- Woran erkennt man frühzeitig die Notwendigkeit einer Veränderung und welche Handlungsmöglichkeiten stehen zur Verfügung?
- Wie lassen sich Wachstumspotenziale für das Unternehmen erkennen, bewerten und erschließen?

Global Sourcing und internes Wachstumsmanagement

Bei der Frage nach den Möglichkeiten, internes Wachstum, also Marktdurchdringung oder -entwicklung, durch Global Sourcing zu realisieren, sollte man zunächst die Rahmenbedingungen der Absatzmärkte aus Beschaffungssicht analysieren. Die derzeitige Situation sieht, grob zusammengefasst, so aus: Der Preisdruck steigt, bedingt durch die zunehmende Globalisierung beständig und wird damit zu einem der entscheidenden Faktoren bei der Definition zukünftiger Wachstumsstrategien. Der Druck auf die Zulieferer weitere Logistik-, Entwicklungs- und Montageleistungen rund um das eigentliche Endprodukt zu übernehmen und gleichzeitig eine konstante Preisgestaltung zu gewährleisten, erhöht sich immer weiter. Damit wird internes Wachstum nur dann realistisch, wenn sich die Unternehmen diesen Kundenanforderungen konsequent stellen. Die Optimierung der Beschaffung durch eine differenzierte internationale Marktbearbeitung ist daher eine Grundvoraussetzung, um ein tragfähiges Fundament für internes Wachstum aufzubauen.

Wie intensiv sich solche Aktivitäten auswirken können, unterstreicht die Tatsache, dass der Materialbereich heute häufig über 50 Prozent der Gesamtkosten ausmacht. Spareffekte lassen sich in diesem Bereich zudem deutlich schneller realisieren. Strategische Entscheidungen in der Produktion, die zu Produktsegmentierungen oder Standortverlagerungen führen können, erfordern dagegen lange Vorbereitungs- und Umsetzungszeiten.

Im Zuge der Globalisierung dehnt sich der potenzielle Beschaffungsmarkt immer weiter aus. Diese Entwicklung wird so lange anhalten, wie das Technologie- und Lohngefälle zwischen unterschiedlichen Regionen besteht und gleichzeitig Transaktions- und Logistikkosten abnehmen. Will ein Unternehmen wachsen, sind die Einkäufer deshalb gefordert, sich konsequent mit dem Aufspüren der richtigen Lieferquellen rund um den Globus auseinander zu setzen. Die alleinige Zusammenarbeit mit lokalen oder regionalen Lieferanten, das berühmte »Kirchturm-Sourcing«, reicht längst nicht mehr aus, um im preisintensiven Wettbewerb bestehen zu können.

Global Sourcing und externes Wachstumsmanagement

Externes Wachstum geht oft einher mit Firmenakquisitionen, natürlich auch im Ausland. Dadurch entsteht zunächst ein zusätzliches Nebeneinander von einzelnen Einkaufsorganisationen unterschiedlicher Unternehmenseinheiten, zwischen denen eine Verknüpfung hergestellt werden muss. Dabei bilden sich jedoch regelmäßig Determinanten heraus, beispielsweise ein geographisch definierter Zuliefermarkt oder eine technologisch abgrenzbare Warengruppe, nach denen sich der Einkauf ausrichten lässt. Diese Arten des Wachstums stellen ideale Konstellationen dar, die der Beschaffung kurzfristig die Möglichkeit einräumen, auch im Ausland Kosteneinsparpotenziale zu realisieren, da entsprechende Marktkenntnisse durch den Zukauf anderer Unternehmen bereits vorhanden und unternehmensübergreifend nutzbar gemacht werden können. In diesen Fällen erstreckt sich das zusätzliche Einkaufsvolumen durch die Akquisition auf Technologien und auf solche Märkte, die im gleichen oder engen Zusammenhang mit dem bisherigen Volumen stehen, das heißt, mit dem Volumen des kaufenden Unternehmens. Ansätze wie Lieferantenbündelung, Standardisierung oder technisches Benchmarking über sämtliche internationalen Standorte hinweg, helfen diese Herausforderungen zu bestehen, ohne dass der Einkauf völlig neues technologisches oder marktbezogenes Know-how erwerben muss. Um von diesem vorhandenen Wissen zu profitieren, lässt sich beispielsweise die Funktion eines Standorteinkäufers auf zusätzliche Werke oder Regionen ausdehnen.

Bestimmte Einsparmöglichkeiten lassen sich natürlich erst nach entsprechenden Vorarbeiten wie zum Beispiel dem Aufbau einer Plattformstrategie realisieren. Dieses System wird zunehmend von Automobilherstellern angewendet, die eine gemeinsame mechanische Basis für mehrere, unterschiedliche Modellreihen nutzen. Variantenreduzierungen von Endprodukten können ebenfalls dazu beitragen, die Kosten zu reduzieren. Die produktstrategischen und technischen Voraussetzungen sind von Vertrieb und Entwicklung zu schaffen. Die Bewertung und Nutzung solcher Potenziale liegt im Einkauf. Dazu muss sich die Abteilung bei veränderten Rahmenbedingungen des Unternehmens organisatorisch neu zwischen Markt und internen Abteilungen aufstellen.

Global Sourcing als Wertsteigerungsinstrumentarium für Private-Equity-Häuser

Private Equity ist in Deutschland in aller Munde. Galt die Branche vor etwa zehn Jahren als reichlich unseriös, haftete ihr das Image des Firmenzerschlagens an, ist sie heute hoffähig geworden. Durchschnittlich kalkuliert der Bundesverband der deutschen Beteiligungsgesellschaften (BVK) seit 2001 eine jährliche Bruttoinvestitionshöhe von etwa 2,5 Milliarden Euro. Schon die Entwicklung der letzten zwölf Jahre verdeutlicht, dass es sich bei der Nachfrage nach Beteiligungskapital um einen Wachstumsmarkt handelt.

Der Beteiligungsmarkt ist zwischen 1991 und 2004 um durchschnittlich 15 Prozent pro Jahr gewachsen. Wir können davon ausgehen, dass sich die Branche in Zukunft ebenso dynamisch weiterentwickeln wird. Treiber dieses anhaltenden Aufwärtstrends ist primär der nach wie vor hohe Kapitalbestand institutioneller Investoren, der auch künftig attraktive Anlagemöglichkeiten sucht. Außerdem gibt es eine Reihe von weiteren Gründen, die zur Aufnahme von Eigenkapitalpartnern führen und damit das Geschäft der Private-Equity-Häuser beflügeln. Dabei geht es, wie schon beschrieben, beispielsweise um die Forderung der Banken im Zuge von Basel II, eine höhere Eigenkapitalquote auszuweisen. Darüber hinaus werden die anstehenden Nachfolgeregelungen bei mittelständischen Unternehmen ebenfalls zu einer verstärkten Inanspruchnahme von externem Eigenkapital führen. In solchen Fällen ist an mögliche Management-Buy-outs und ihre Finanzierung zu denken. Außerdem ist damit zu rechnen, dass der Bedarf an Wachstumskapital, wie ebenfalls schon erläutert, nicht einseitig über Banken zu finanzieren ist. Damit entsteht also auch in diesem Bereich eine Nachfrage, von der vor allem Eigenkapitalpartner profitieren werden.

In jüngster Zeit sind es insbesondere so genannte Mega-Deals, die Schlagzeilen machen. Diese berücksichtigt der BVK allerdings in seinen Statistiken nicht. Beispiele für diese Transaktionen gibt es aber genug. So kaufte der US-Finanzinvestor KKR nicht nur der mg AG (ehemals Metallgesellschaft) die Chemiesparte Dynamit Nobel ab. In einem »Secondary Deal« übernahmen die Amerikaner gleich auch noch von einer britischen Beteiligungsgesellschaft die Autowerkstattkette Autoteile Unger. Cognis, die ehemalige Chemiesparte von Henkel, ging an ein Finanzkonsortium der Investmenthäuser Permira, Goldman Sachs und Schroders. Gleichgültig ob mittelständisch geprägte Finanztransaktionen oder die Mega-Deals, alle Finanzinvestoren verfolgen dasselbe Ziel: Sie wollen ihre Beteiligung nach drei bis sieben Jahren zu einem deutlich höheren Preis beziehungsweise Unternehmenswert verkaufen.

Wie steigert nun aber ein Finanzinvestor den Wert eines Unternehmens? De facto ist dies natürlich die »Masterfrage« für die gesamte Branche. Bei genauerem Hinsehen konzentrieren sich Private-Equity-Häuser oftmals ausschließlich auf »Financial-Engineering-Maßnahmen«, also die Entwicklung und Umsetzung von kreativen Finanzierungsmodellen. Ansonsten zieht sich der für das Beteiligungsunternehmen zuständige Projektleiter auf die Rolle des Controllers zurück. Dass sich nur Mehrwert bieten lässt, wenn Stra-

So fördert Global Sourcing profitables Wachstum und steigert den Unternehmenswert

tegiemanagement betrieben wird, übersieht man in diesem Geschäft leider häufig. Verdeutlicht man sich außerdem, dass sich der Wert eines Unternehmens nur durch konkrete Maßnahmen erhöhen lässt, stellt sich die Frage, ob das typische Verhalten der Private-Equity-Anbieter nicht reichlich kurzsichtig ist.

Grundsätzlich sollte der Private-Equity-Geber nach dem Einstieg vier Prozessstufen durchlaufen, um das Unternehmen am Ende tatsächlich zu einem höheren Wert verkaufen zu können. In jeder dieser Phasen sollten Einkauf im Allgemeinen und Global Sourcing im Speziellen eine besondere Berücksichtigung erfahren.

Dazu eine Erläuterung der vier Stufen: In der ersten Stufe geht es noch einmal darum, die Frage »Wo steht das Unternehmen heute?« gemeinsam mit dem Management der ersten und zweiten Ebene zu beantworten – trotz des Resultats der Due Diligence, also der sorgfältigen Überprüfung der Stärken und Schwächen einer zu erwerbenden Firma. Das Ergebnis ist eine detaillierte Standortbestimmung aller Geschäftsfelder, entsprechender Potenziale sowie eine umfassende Stärken- und Schwächenanalyse, »SWOT-Analyse« genannt, die auf Kennzahlen der Bilanz, GuV sowie sonstiger renditebezogener Indices wie ROI (Return on Investment) oder ROCE (Return on Capital Employed) basiert. Nur die umfassende Integration aller Ergebnisse erlaubt die genaue Lagebestimmung des Unternehmens und die Ableitung strategischer Wachstumspfade. Die erste Stufe lässt sich also als nachhaltige Ergänzung der Due Diligence verstehen und ist eine Art »Kick-off-Veranstaltung«, um künftige Potenziale festzulegen. Die sehr genaue Betrachtung der aktuellen Beschaffungsorganisation gehört zu den integralen Bestandteilen der ersten Prozessstufe. Dabei sollte ein Private-Equity-Haus sich nicht nur auf die Fragen beschränken, ob der Einkauf traditionell agiert oder nach modernen Beschaffungsmethoden gemanagt wird, die Einkaufsorganisation effizient arbeitet oder bestehende Lieferanten regelmäßig überprüft und analysiert werden. Es geht zusätzlich darum, in Erfahrung zu bringen, in wie weit die eingekauften Leistungen systematisch darauf kontrolliert werden, ob sie global zu beschaffen wären. Diese Untersuchung deckt Stärken und Schwächen der Beschaffung auf und identifiziert einkaufsbezogene Werthebel.

In Stufe zwei legt man fest, wo das Unternehmen in den nächsten drei bis fünf Jahren stehen muss, um wirklich erfolgreich zu sein. Fragen der Penetration bestehender Märkte, der Markt- oder Produktentwicklung oder sogar der Diversifikation in neue Bereiche werden diskutiert und ihre Auswirkungen auf das Ergebnis beurteilt. Auch hier gilt es, die künftige Einkaufsorganisation zu fixieren. Dabei ist festzulegen, welche Produkte oder Dienstleistungen national und welche international zu beschaffen sind. Dementsprechend muss eine organisatorische Anpassung erfolgen und die nationale Beschaffungsorganisation durch internationale Organisationseinheiten ergänzt werden.

Stufe drei gibt darüber Auskunft, wie das Unternehmen sein gestecktes Wachstumsziel erreichen kann. Genau an diesem Punkt setzt das eigentliche Konzept der Wertsteigerung an. Soll das Unternehmen intern, also aus eigener Kraft und ohne Verwässerung der Kultur wachsen, oder wächst es extern durch Zukäufe? Eine detaillierte Planung schreibt die strategischen Wachstumsziele der nächsten drei bis fünf Jahre fest. In Bezug auf die Einkaufsorganisation heißt es auch hier wieder, zu definieren, wie die festgelegten Beschaffungsziele zu erreichen sind. Das gesamte Beschaffungsmanagement wird aufbau- und ablauforganisatorisch national und international ausgerichtet.

In Stufe vier geht es schließlich darum, zu ermitteln, wie erfolgreich das Unternehmen arbeitet. Dabei wird exakt gemessen, wie sich die Professionalisierung des Beschaffungsmanagements, die deutliche Ausrichtung der Global-Sourcing-Aktivitäten auf den Wert des Unternehmens auswirken. Letztlich »controlled« man also den eingeschlagenen Weg. Integraler Bestandteil dieser Prüfung ist ein internationales Beschaffungscontrolling. Damit schließt sich der Kreis zur Stufe eins. Schwächen lassen sich korrigieren, Stärken konsequent ausbauen.

Die vier Stufen verdeutlichen, wie einfach Wertsteigerungsmanagement umsetzbar ist. Nur wer sich an diesen Aktionsplan hält, wird nachhaltig Wert generieren. Dabei ist Global Sourcing in sämtliche Phasen zu integrieren. Dieses Instrumentarium hat für Finanzinvestoren einen ganz besonderen Charme: Sie können den Wert ihrer Beteiligung schon allein durch die Professionalisierung des gesamten Beschaffungsmanagements steigern. Dazu ein Beispiel. Nehmen wir an, ein Unternehmen realisiert zur Zeit des Einstiegs des Private-Equity-Hauses einen Umsatz von 100 Millionen Euro, einen Rohertrag von 60 Millionen Euro sowie ein EBIT (Gewinn vor Zinsaufwand und Steuern) von 10 Millionen Euro. Der Finanzinvestor bewertet das Unternehmen basierend auf einem EBIT-Multiple von fünf mit einem Enterprise Value (Unternehmenswert inklusive der Finanzschulden) von 50 Millionen Euro. Nach fünf Jahren liegt der Umsatz nach wie vor bei 100 Millionen Euro, weil sich Märkte nicht wie geplant entwickelten. Trotz der Stagnation konnte der Kapitalgeber durch Global Sourcing den Materialaufwand um 10 Millionen Euro reduzieren. Die Folge: Das EBIT erhöhte sich auf 20 Millionen Euro. Beim Verkauf wurde anschließend exakt derselbe EBIT-Multiple zugrunde gelegt. Entsprechend stieg der Enterprise Value auf 100 Millionen Euro. Dies entspricht einem jährlichen Wertzuwachs von 19 Prozent, ohne dass der Umsatz ausgeweitet werden konnte beziehungsweise musste.

Dieses einfache, pragmatische Rechenbeispiel verdeutlicht, welche positiven Auswirkungen ein professionelles internationales Beschaffungsmanagement auf Private-Equity-Engagements hat. Finanzinvestoren sollten Global Sourcing deshalb als Instrumentarium nutzen, um den Wert ihrer Beteiligung nachhaltig zu steigern und damit einen lohnenswerten Verkauf der Anteile zu sichern.

Global Sourcing bei börsennotierten Unternehmen – positive Auswirkungen auf den Shareholder Value

Shareholder Value gehört nach wie vor zu den heiß diskutierten Themen der Wirtschaft. Auch wenn die Kritiker immer wieder auf die Kurzfristigkeit des Shareholder-Value-Managements hinweisen, dürfen börsennotierte Unternehmen natürlich nicht darauf verzichten und müssen den Wert der Aktie steigern und damit ihre Aktionäre zufrieden stellen. Und dies nachhaltig. Global Sourcing trägt dazu bei, diesen Prozess zu unterstützen. Die gezielte Reduzierung von Materialkosten oder die Auslagerung ganzer Teilprozesse ist eine gute Basis, um sämtliche Shareholder-Value-relevante Kennzahlen zu optimieren. So kann beispielsweise die Verlagerung von Dienstleistungen in Niedriglohnländer eine positive Wirkung auf die Aktienkursentwicklung haben. Darauf setzt auch die Deutsche Axa AG, Tochtergesellschaft des französischen Versicherungskonzerns Axa S. A. Nach einem Bericht der *FAZ* aus dem April 2005 planen die Versicherer in den kommenden zwei Jahren deutschlandweit 680 Stellen abzubauen. Ein Teil davon, die Rechnungsprüfung und die Informationstechnik, soll nach Indien oder Lettland ausgelagert werden. Diese Verlagerung wird den Aktienkurs langfristig beeinflussen, sehen doch der private Aktionär und die institutionellen Kapitalanleger, dass sich die Axa-Gruppe kostenseitig strategisch aufstellt, um langfristig wettbewerbsfähig zu bleiben.

Nur die wenigsten Dax-30-Unternehmen haben erkannt, wie segensreich sich aktives Global Sourcing auf den Wert ihrer Gesellschaft auswirken kann und damit die Attraktivität für Anleger entsprechend erhöht. Durchforstet man die Liste dieser Konzerne und analysiert, welches Unternehmen einen zentralen Einkaufsvorstand hat, wird man kaum fündig. Die großen Automobilkonzerne gehören jedoch zu den Ausnahmen und verfügen über entsprechende Ressorts. Gisbert Langheim, ehemaliger Einkaufschef von Skoda, wundert sich darüber und sagt: »Die meisten Großunternehmen verwechseln auch heute noch den Einkauf mit der reinen Preisdrückerei von Lieferanten. Dass die Beschaffung aber eine strategische Aufgabe ist, um die richtigen Lieferanten langfristig zu binden, sehen nur wenige.«

De facto können sämtliche Finanzkennzahlen, die einen Bezug zum Materialaufwand haben, durch Global Sourcing verbessert werden und sind somit Shareholder-Value-wirksam. Natürlich können davon alle Unternehmen profitieren und nicht nur börsennotierte Gesellschaften.

Die Eigenkapitalquote beschreibt die Beziehung zwischen Eigen- und Gesamtkapital. Je mehr Eigenkapital zur Verfügung steht, desto besser ist in der Regel die Bonität und desto unabhängiger kann das Unternehmen von Fremdkapitalgebern agieren. Der Aufbau von Eigenkapital erfolgt durch die Zuführung des Jahresüberschusses in die Bilanz. Kurzum, jeder Prozentpunkt, der im Rahmen einer Global-Sourcing-Strategie beim Materialeinkauf, der sich unter anderem in der GuV-Position Materialaufwand widerspiegelt, gespart werden kann, erhöht den Jahresüberschuss und damit bei Zuführung des vollen Betrages in die Bilanz auch die Eigenkapitalquote.

Kritiker werden zu Recht einwenden, dass, sollte das Eigenkapital teurer als das Fremdkapital sein, eine zu hohe Eigenkapitalquote die Rendite auf das eingesetzte Kapital belaste. Dies ist natürlich richtig, allerdings erhöht ein niedriger Materialaufwand den Jahresüberschuss. Die richtige Höhe des Eigenkapitals festzulegen, überlassen wir an dieser Stelle lieber den Finanzexperten.

In enger Verbindung zu einem höheren Jahresüberschuss steht natürlich eine gestiegene Rohertragsmarge. Diese Kennzahl sagt aus, wie viel Prozent der Umsatzerlöse dem Unternehmen als Rohertrag zur Verfügung stehen. Der Handel spricht in diesem Fall von der Handelsspanne. Die Rohertragsmarge zeigt in der historischen Entwicklung, wie sich die Beschaffungspreise eines Unternehmens entwickelt haben. Damit wird sie auch zum Indikator für die Professionalität des Einkaufs. Im Verlauf unserer Beratungsprojekte können wir häufig feststellen, dass sich die Rohertragsmarge deutlich verbessert.

In direktem Zusammenhang mit der Rohertragsmarge steht die Kennzahl Materialintensität. Sie stellt den Anteil des Materialaufwandes am Gesamtaufwand dar und beschreibt damit die Wirtschaftlichkeit des Materialeinsatzes. Verringert sich die Materialintensität bei gleich bleibendem oder steigendem Umsatz, deutet diese Entwicklung auf eine Produktivitätssteigerung beim Materialeinsatz hin – oft die Folge günstigerer Einkaufspreise aufgrund von Global Sourcing. Nachdem der Materialaufwand in der Regel zu den größten Aufwandspositionen zählt, spiegelt die Kennzahl die Effizienz des Unternehmens in hohem Maße wider.

Einer der wichtigsten Indikatoren zur Messung des wirtschaftlichen Erfolgs eines Unternehmens ist die realisierte EBIT-Marge. Sie zeigt, wie viel Prozent des operativen Gewinns vor Zinsen, Steuern und Finanzergebnis ein Unternehmen erwirtschaftet. Damit erlaubt die Kennzahl eine Aussage über die unternehmerische Ertragskraft. Ein professionelles und richtig angewendetes Global Sourcing wirkt sich aufgrund der verringerten Kosten positiv auf die EBIT-Marge aus. Allerdings gibt es Warengruppen, deren Einkauf das Ergebnis nicht direkt verbessert, da sie bilanziell nicht aufwandswirksam werden. Dazu gehören investive Ausgaben, die lediglich über die Abschreibungshöhe Einfluss auf die zu versteuernde Gewinnbasis haben. Bei entsprechenden Rückfragen lenken wir den Blick in diesen Fällen auf eine reine Liquiditätsbetrachtung und erläutern, dass durch den günstigeren Einkauf von Sachanlagegütern natürlich eine geringere Liquiditätsbelastung entsteht. Der Free Cashflow (berechnet als Jahresüberschuss + Abschreibungen abzgl. Investitionen), also die freien dem Unternehmen zur Verfügung stehenden Mittel, erhöht sich deutlich. Damit wird diese Kennzahl sogar von zwei Seiten durch Global Sourcing positiv beeinflusst. Basis der Free-Cashflow-Berechnung ist nämlich der EBIT. Er erhöht sich, wie bereits dargestellt, durch professionelles Global Sourcing direkt. Um den Free Cashflow zu kalkulieren werden unter anderem die Investitionen vom EBIT subtrahiert. Geht man also davon aus, dass Global Sourcing nicht nur zu einem höheren EBIT führt, sondern auch die notwendigen Mittel für Investitionen verringert, erhöht sich der Free Cashflow indirekt gleich zweimal.

In jüngster Zeit werden neben den bekannten Rentabilitätskennzahlen wie Eigenkapitalrentabilität auch Umsatzrendite oder Return on Investment (ROI) als Kennzahlen für Shareholder Value berechnet. All diese Werte lassen sich durch Global Sourcing verbessern. Ein immer häufiger genutztes Beurteilungskriterium ist der Return on Capital Employed (ROCE). Er stellt das EBIT dem eingesetzten Kapital einer Periode gegenüber und signalisiert die Ertragskraft des Gesamtkapitals. Die Kennzahl wird in der Praxis jedoch kritisch beurteilt, da Kapitalkosten unberücksichtigt bleiben und ausschließlich buchhalterisches Zahlenmaterial in die Kalkulation integriert wird. Trotz allem finden Sie heute in fast jedem Geschäftsbericht großer börsennotierter Unternehmen den erzielten ROCE. Zu Recht, denn der rein operative Erfolg lässt sich damit darstellen, zudem findet eine Bereinigung von Gewinn und Vermögen statt, die nicht dem eigentlichen betrieblichen Prozess dienen. Integrieren wir unseren Global-Sourcing-Ansatz in den ROCE, wird sich auch diese Kennzahl deutlich verbessern. Schließlich verbessert sich durch Global Sourcing – wie dargestellt – der EBIT, somit auch der ROCE (berechnet als EBIT/Anlagevermögen + Working Capital).

Die aufgeführten unterschiedlichen Kennzahlen können hier nur exemplarisch andeuten, wie ein aktives und richtig durchgeführtes Global Sourcing den Shareholder Value steigert. Sämtliche ergebnisbezogenen Daten werden positiv beeinflusst. Jeder Vorsitzende der Geschäftsführung oder jeder Vorstandsvorsitzende sollte sich also bewusst sein, welche positive Wirkung Global Sourcing auf seine Kennzahlenwelt hat. Analysten, institutionelle Anleger und Aktionäre werden es ihnen danken.

Register

Zukunftschance Global Sourcing. Gerd Kerkhoff
Copyright © 2005 WILEY-VCH Verlag GmbH & Co. KGaA, Weinheim
ISBN: 3-527-50196-7